奇妙的
动植物世界

生物百科

奇异的软体动物

健　君　著

中州古籍出版社

图书在版编目（CIP）数据

奇异的软体动物 / 健君著 . — 郑州 : 中州古籍出版社 , 2016.9
ISBN 978-7-5348-6017-1

Ⅰ . ①奇… Ⅱ . ①健… Ⅲ . ①软体动物—普及读物
Ⅳ . ① Q959.21-49

中国版本图书馆 CIP 数据核字 (2016) 第 055213 号

策划编辑：吴　浩
责任编辑：翟　楠 唐志辉
统筹策划：书之媒
装帧设计：严　潇
图片提供：fotolia
出版社：中州古籍出版社
（地址：郑州市经五路 66 号 电话：0371 － 65788808 65788179
邮政编码：450002）
发行单位：新华书店
承印单位：河北鹏润印刷有限公司
开本：710mm × 1000mm　1/16
印张：8　字数：99 千字
版次：2016 年 9 月第 1 版　印次：2017 年 7 月第 2 次印刷

定价：27.00 元
如本书有印装问题，由承印厂负责调换

前 言 PREFACE

广袤太空，神秘莫测；大千世界，无奇不有；人类历史，纷繁复杂；个体生命，奥妙无穷。我们所生活的地球是一个灿烂的生物世界。小到显微镜下才能看到的微生物，大到遨游于碧海的巨鲸，它们都过着丰富多彩的生活，展示了引人入胜的生命图景。

生物又称生命体、有机体，是有生命的个体。生物最重要和最基本的特征是能够进行新陈代谢及遗传。生物不仅能够进行合成代谢与分解代谢这两个相反的过程，而且可以进行繁殖，这是生命现象的基础所在。自然界是由生物和非生物的物质和能量组成的。无生命的物质和能量叫做非生物，而是否有新陈代谢是生物与非生物最本质的区别。地球上的植物约有50多万种，动物约有150多万种。多种多样的生物不仅维持了自然界的持续发展，而且构成了人类赖以生存和发展的基本条件。但是，现存的动植物种类与数量急剧减少，只有历史峰值的十分之一左右。这迫切需要我们行动起来，竭尽所能保护现有的生物物种，使我们的共同家园更美好。

本书以新颖的版式设计、图文并茂的编排形式和流畅有趣的语言叙述，全方位、多角度地探究了多领域的生物，使青少年体验到不一样的阅读感受和揭秘快感，为青少年展示出更广阔的认知视野和想象空间，满足其探求真相的好奇心，使其在获得宝贵知识的同时享受到愉悦的精神体验。

生命正是经过不断演化、繁衍、灭绝与复苏的循环，才形成了今天这样千姿百态、繁花似锦的生物界。人的生命和大自然息息相关，就让我们随着这套书走进多姿多彩的大自然，了解各种生物的奥秘，从而踏上探索生物的旅程吧！

目 录 CONTENTS

第一章 奇妙的贝类软体动物

在浩如烟海的动物世界里，贝类动物可谓是一大类绚丽多姿的海洋软体动物。其斑斓的外壳、玲珑的螺体、怪异的形态，无不使人赏心悦目、爱不释手。很多软体动物也和人类生活密不可分、息息相关。这些已被人们认识的海洋动物，都具有自己的拉丁文名称。而这些有着美丽外壳的小动物各有特点，其独特的生存方式也是非常有趣和神奇的。

多雌雄异体的牡蛎

牡蛎，属牡蛎科或燕蛤科，双壳类软体动物，分布于温带和热带各大洋沿岸水域。海菊蛤属与不等蛤属动物有时亦分别称为棘牡蛎和鞍牡蛎。

牡蛎，又名生蚝，广东湛江生蚝，江苏南通、浙江三门县小屿山背部小沿海的牡蛎（大规模的养殖）以及大连湾牡蛎或近江牡蛎，全年均可采收。

外形特征

牡蛎于公元前即已被养殖。珍珠可在珍珠牡蛎的外套膜中产生。牡蛎的两壳形状不同，表面粗糙，暗灰色；上壳中部隆起；下壳附着于其他物体上，较大，颇扁，边缘较光滑。两壳的内面均白色光滑，两壳于较窄的一端以一条有弹性的韧带相连。壳的中部有强大的闭壳肌，用以对抗韧带的拉力。壳微张时，藉纤毛波浪状运动将水流引入壳内（每小时流过的水量可达2～3加仑），滤食微小生物。

牡蛎（牡蛎科）包括牡蛎属、厚牡蛎属和细齿蛎属3个属的种类。

食用牡蛎分布在挪威到摩洛哥，经地中海到黑海一带，雌雄同体，长达8厘米。北美太平洋沿岸的奥林匹亚牡蛎长达7.5厘米。北美牡蛎（即弗吉尼亚牡蛎或弗吉尼亚厚牡蛎）原产圣罗伦斯湾到西印度洋群岛，已引进北美西海岸，长达15厘米；壳形状不同，表面粗糙，多为淡黄褐色，杂有紫褐色或黑褐色条纹，上壳中部隆起，雌体一次排卵可达5000万枚，在北美的食用贝中商业价值最大。西欧沿岸有葡萄牙牡蛎（即角厚牡蛎）。日本的长厚牡蛎是最大牡蛎，长达30厘米，日本还有一种个头较小的岩牡蛎。

牡蛎可剥壳生食、熟食、制罐头或熏制，少量还可以冷冻处理。受欢迎的弗吉尼亚厚牡蛎品种包括：蓝点厚牡蛎和林黑文厚牡蛎（因分别采自弗吉尼亚州长岛的蓝点地区和林黑文湾地区而得名）。

受欢迎的食用牡蛎品种包括英国的科尔切斯特牡蛎和法国的马雷纳牡蛎。

若一粒外物侵入牡蛎的壳内，牡蛎即分泌珍珠质将外物层层包起而形成珍珠。食用牡蛎产生的珍珠没有光泽，价值不高。只有少数东方的种类，特别是波斯湾珠母贝所产的珍珠质量最高。珠母贝主要分布于8~20米的海水深处。珍珠多采自5岁以上的牡蛎，可以用手工方法将小粒珍珠植入珠母贝内，以便在其体内形成养殖的珍珠。大多数珍珠养殖在日本或澳大利亚沿岸水域进行。

生活习性

★ 生活环境

牡蛎一般生活在潮间带中区。

牡蛎生活的海底坚硬的区域叫作牡蛎床。牡蛎床位于或深或浅的海水或有盐味的河口水域中。

★ 食性

牡蛎是固着型贝类，一般固着于浅海物体或海边礁石上，以开闭贝壳运动进行摄食、呼吸，为滤食性生物，以细小的浮游动物、硅藻和有机碎屑等为主要食料。牡蛎通过振动腮上的纤毛在水中产生气流，水进入腮中，水中的悬浮颗粒被黏液黏住，腮上的纤毛和触须按大小给颗粒分类，然后把小颗粒送到嘴边，大的颗粒运到套膜边缘扔出去。

★ 繁殖

牡蛎多雌雄异体，但也有雌雄同体者。牡蛎在夏季繁殖，有的种类将卵排到水中受精，而有的则在雌体内受精。受精卵发育成游泳的幼体，叫作缘膜幼体。两周以后，缘膜幼体永久固着于其他物体上，比如其他牡蛎壳或岩石。固定三天以后，幼体失去了游泳的能力，变成了小的成体，叫作蚝仔。

★ 牡蛎天敌

鸟类、海星、螺类以及包括鳐在内的鱼类均食牡蛎。钻　螺分布广，常在牡蛎壳上用舌钻一小孔，吸食其活体组织。牡蛎面临的其他生命威胁如牡蛎床会被一种叫作粉拖鞋的软体动物霸占，牡蛎被挤出来，还有各种原生动物寄生虫导致的疾病。人类过度捕捞和工业排污也是牡蛎面临的危险。

临床应用

1．心神不安、惊悸失眠。牡蛎有安神之功效，可治心神不安、惊悸怔忡、失眠多梦等症，常与龙骨同用，如桂枝甘草龙骨牡蛎汤

(《伤寒论》)，亦可配伍朱砂、琥珀、酸枣仁等安神之品。

2．肝阳上亢、头晕目眩。牡蛎咸寒质重，入肝经，有平肝潜阳、益阴之功，用来治水不涵木、阴虚阳亢、头晕目眩、烦躁不安等症；耳鸣者，常与龙骨、龟甲、白芍等同用，如镇肝息风汤（《医学衷中参西录》）；亦治热病日久、灼烁真阴、虚风内动、四肢抽搐之症，常与生地黄、龟甲、鳖甲等养阴、息风止痉药配伍，如大定风珠（《温病条辨》）。

3．痰核、瘰疬、瘿瘤、症瘕积聚。牡蛎味咸，软坚散结，用来治痰火郁结之痰核、瘰疬、瘿瘤等症，常与浙贝母、玄参等配伍，如消瘰丸（《医学心悟》）；用治气滞血瘀的症瘕积聚，常与鳖甲、丹参、莪术等同用。

4．滑脱诸症。牡蛎煅后有与煅龙骨相似的收敛固涩作用，通过不同配伍可治疗自汗、盗汗、遗精、滑精、尿频、遗尿、崩漏、带下等滑脱之症。用来治自汗、盗汗，常与麻黄根、浮小麦等同用，如牡蛎散（《和剂局方》）；亦可用牡蛎粉扑撒汗处，有止汗作用；治肾虚遗精、滑精，常与沙苑子、龙骨、芡实等配伍，如金锁固精丸（《医方集解》）；治尿频、遗尿可与桑螵蛸、金樱子、益智仁、龙骨等同用；治疗崩漏、带下症，又常与海螵蛸、山茱萸、山药、龙骨等配伍。

此外，煅牡蛎有制酸止痛作用，可治胃痛泛酸，与乌贼骨、浙贝母共为细末，内服取效。

用法用量：内服，煎汤，15～30克，先煎；或入丸、散；外用，适量，研末干撒或调敷。

禁忌：不宜多服久服，以免引起便秘和消化不良。

宜：体质虚弱的儿童，肺门淋巴结核、颈淋巴结核、瘰疬者宜食；阴虚烦热、失眠、心神不安者宜食；癌症患者及放疗、化疗后宜食，因牡蛎是一种不可多得的抗癌海产品；宜作为美容食品食用；糖尿病人、干燥综合征患者宜食；高血压病、动脉硬化、高脂血症患者宜食；妇女更年期综合征和怀孕期间宜食。

忌：急、慢性皮肤病患者忌食；脾胃虚寒、慢性腹泻者不宜多吃。

药理作用

1．生吃牡蛎是很多国家的传统，据说可以提高男性功能。其实，牡蛎中的活性肽对人体有多种功能，生吃只是获取了很少一部分营养保健功能，大部分的营养物质由于人体胃酸的破坏作用，而

没有被人体吸收利用。

为了获得牡蛎的有效营养素，用新鲜的牡蛎肉，在常温下进行酶解，筛分获得多种牡蛎多肽的混合物。此混合物通过特殊的生物转化技术，形成大小均等的小分子肽，同时获得在胃酸环境下不易被破坏的能力，使之能在活性状态下进入血液循环，从而达到修复及营养细胞的保健功效。

2．对胃及十二指肠溃疡的作用。牡蛎所含的碳酸钙有收敛、制酸、止痛等作用，有利于胃及十二指肠溃疡的愈合。动物实验证明：牡蛎制剂白牡片能治疗豚鼠实验性溃疡和防止大鼠实验性胃溃疡的发生，并能抑制大鼠游离酸和总酸的分泌。

3．其他作用。牡蛎可能有调节整个大脑皮层的功能，生用镇静、软坚、解热的效力良好；煅用则涩而带燥，收敛固涩之力较强。

分布各地的牡蛎

1．近江牡蛎，贝壳呈圆形、卵圆形、三角形或略长，壳坚厚，较大者壳长100～242毫米，高70～150毫米，左壳较大而厚，背部为附着面，形状不规则。右壳略扁平，表面环生薄而平直的鳞片，黄褐色或暗紫色。1～2年生的个体，鳞片平薄而脆，有时边缘呈游离状；2年至数年的个体，鳞片平坦，有时后缘起伏略呈水波状；多年生的个体，鳞片层层相叠，甚为坚厚。壳内面白色或灰白色，边缘常呈灰紫色，凹凸不平，绞合部不具齿，韧带槽长而宽，如牛角形，韧带紫黑色。闭壳肌痕较大，位于中部背侧，淡黄色，形状不规则，常随壳形变化而异，大多为卵圆形或肾脏形。

2. 长牡蛎，贝壳呈长条形，坚厚，一般壳长140～330毫米，高57～115毫米，长约是高的3倍，已知最大的长达722毫米。左壳稍凹，壳顶附着面小，右壳较平如盖，背腹缘几乎平行，壳表面淡紫色、灰白色或黄褐色。自壳顶向后缘环生排列稀疏的鳞片，略呈水波状，层次较少，没有明显放射肋。壳内面瓷白色，韧带槽长而宽大。闭壳肌痕大，位于壳的后部背侧，呈棕黄色马蹄形。

3. 大连湾牡蛎，贝壳略呈三角形，壳坚厚，一般壳长55～63毫米，宽95～130毫米，壳顶尖，至后缘渐加宽。右壳较扁平，如盖状，壳顶部鳞片趋向愈合，较厚；渐向腹缘鳞片渐疏松，且起伏呈水波状，无显著放射肋。壳表面淡黄色，杂以紫褐色斑纹，左壳突起，自顶部开始有数条粗壮放射肋，边缘肋上的鳞片坚厚翘起。壳内凹陷如盒状，白色，绞合部小，韧带槽长而深，呈长三角形。闭壳肌痕白色或带紫色，位于背后方。

4. 密鳞牡蛎，贝壳呈圆形或卵圆形，壳坚厚，一般长46～122毫米，高

58～138毫米。左壳较大而凹陷，壳顶为附着面，形状常不规则。右壳顶部鳞片愈合，较光滑，渐向腹缘鳞片环生，薄、脆，呈片状，以覆瓦状紧密排列，有放射肋多条，使腹缘略呈水波状。壳表面灰青色混杂紫褐色。壳内面白色，稍带珍珠样光泽。绞合部两侧常有小齿1列，约5～8个。韧带槽较短，呈三角形。闭壳肌痕较大。

独特价值

★ 滋补强壮

牡蛎含18种氨基酸、肝糖原、B族维生素、牛磺酸和钙、磷、铁、锌等营养成分，常吃可以提高机体免疫力。牡蛎所含牛磺酸有降血脂、降血压的功效。

在古希腊神话里，牡蛎是代表爱的食物。从中医角度看，牡蛎通水气，滋润肺部，利于肾水。西医验证它是含锌最多的天然食品之一（每百克蚝肉含量高达100毫克），也就是每天只吃2～3个牡蛎，就能提供你全天所需的锌。锌的巨大价值体现在它是男性生殖系统里至关重要的矿物质。尤其是近五十年来，男性的精子数量下降明显，更需补充足够的锌。

★ 宁心安神

崔禹锡在《食经》中说：“牡蛎肉治夜不眠，治意不定。”经常食用可以减少阴虚阳亢所致的烦躁不安、心悸失眠、头晕目眩及耳鸣等症状。牡蛎中所含的多种维生素与矿物质，特别是硒可以调节神经、稳定情绪。

★ 益智健脑

牡蛎所含的牛磺酸、DHA、EPA是智力发育所需的重要营养素。另外药理学试验研究表明，运用牡蛎壳增加体内的含锌量，可提高机体的锌镉比值，有利于改善和防治高血压，起到护脑、健脑的作用。

★ 益胃生津

李时珍在《本草纲目》中也说牡蛎："肉治虚损，解酒后烦热……滑皮肤，牡蛎壳化痰软坚，清热除湿，止心脾气痛，痢下赤白浊，消疝积块。"它性微寒，同时兼具制酸作用，所以对胃酸过多或患有胃溃疡的人更有益处。

★ 强筋健骨

《神农本草经》中记载："(牡蛎) 久服，强骨节，杀邪气，延年。"牡蛎中钙的含量接近牛奶，铁的含量为牛奶的21倍，食后有助于骨骼、牙齿生长。

★ 细肤美颜

牡蛎中所含的钙使皮肤滑润，所含的铜使皮肤看起来特别有血色；所含的钾可治疗皮肤干燥及粉刺；所含的维生素也可以使皮肤光润，同时可以调节油脂的分泌。

★ 延年益寿

牡蛎富含核酸，核酸在蛋白质合成中起重要作用，因而能延缓皮肤老化，减少皱纹的形成。随着年龄的增长，人体合成核酸的能力逐渐降低，只能从食物中摄取，人们日常所饮的牛奶在这方面明显不及“海底牛奶”牡蛎。

双壳类软体动物贻贝

贻贝是双壳类软体动物，外壳呈青黑褐色，生活在海滨岩石上。贻贝是贝类养殖事业中的重要种类，世界许多地区都有养殖，特别是北欧、北美以及澳大利亚等地区养殖贻贝很盛行，生产数量也很大。淡菜是贻贝科动物的贝肉，也叫壳菜或青口，蛋白质含量高达59%。淡菜在中国北方俗称海红，是驰名中外的海产食品之一。淡菜的经济价值很高，也有一定的药食价值。

外形特征

贻贝是一种海洋软体动物，也是属于双壳类的一种贝类，它的身体构造跟蛤子和牡蛎、蚌等基本上是一样的。但是它的左右两个外套膜除了在背面连接以外，在后端还有一点儿愈合，所以在后背形成一个明显的排水孔。在外套膜的后腹面的边缘生有很多分枝状的小触手，通过贻贝身体的水流，就是从这些生有触手的外套膜之间流入外套腔内，然后经过鳃到身体背部由排水孔排出来。贻贝便利用流经身体的海水进行呼吸和循环，也将水流带进体内的微小生物作为食物。

贻贝有两个闭壳肌，前面的一个很小，后面的一个很大，是属于异柱类的。它的韧带生在身体后背缘两个贝壳相连的部分。贻贝也是利用闭壳肌和韧带开启和关闭贝壳的，但是贻贝闭壳未能像蚶子闭得那样紧，而是常常留有缝隙。缝隙就是足丝伸出的地方，因为贻贝是用由足分泌的足丝固着在海底岩石或其他物体上生活的。足丝成分是一种蛋白质，很坚固而又有韧性，所以用足丝固着的力量很大，有时候人们要采集它是很费力的。贻贝在用足丝固着以后，还可以牵制足丝，使身体在固着面上做小范围的活动。如果遇到环境变化，贻贝还能使足丝脱落，进行较大范围的活动，在新的适宜环境分泌新的足丝，重新固着。

原形态

贻贝有2片贝壳，长约15厘米，呈楔形。壳顶尖小，位于壳之最前端，腹缘略直，背缘与腹缘构成30度角向后上方延伸，背缘呈弧形。壳后缘圆，壳面由壳顶沿腹缘形成一条隆起，将壳面分为上下两部，上部宽大而斜向背缘；下部小而弯向腹缘，生长纹明显，但不规则。壳表面棕黑色，壳顶常磨损而显白色。壳内面灰蓝色，具珍珠光泽。由背部韧带末端向下，绕壳后缘至腹缘末端有一宽黑色边缘。壳表的壳皮绕壳缘卷向内缘形成一红褐色狭缘。外套痕及闭壳肌痕明显，前闭壳肌痕小，位于壳顶内方，后闭壳肌痕大，卵圆形，位于后端背缘。壳顶内面有2个小主齿，韧带褐色。外套缘具有分枝状的触手。足后端呈片状，前端呈棒状，足丝粗，淡黄色。

分布范围

贻贝在中国北方俗称海虹，在中国南方俗称青口，它的干制品称作淡菜，是驰名中外的海产食品之一。贻贝是贝类养殖事业中的重要种类，世界许多地区都有养殖，特别是北欧、北美以及澳大利亚等地区养殖贻贝很盛行，生产数量也很大。

中国出产的贻贝有贻贝、厚壳贻贝、翡翠贻贝等几个种类。它们的贝壳都呈三角形，表面有一层黑漆色发亮的外皮。翡翠贻贝贝

壳的周围为绿色。贻贝是南北两半球较高纬度分布的种类，特别是在北欧、北美数量最多。中国北部沿海也很多，尤其是在大连，在退潮的时候，沿海岩岸以及码头、堤坝的石壁上都可以见到密集的贻贝。厚壳贻贝自日本沿海至中国的福建厦门沿岸都有分布，浙江沿岸产量较大。翡翠贻贝是中国南海的种类，自中国的厦门以南至广东沿海到越南、菲律宾都有分布。

生活习性

贻贝的摄食也跟其他双壳类软体动物一样，只能被动地从通过它身体内部的水流中获得食物。通过对贻贝胃的内含物的检查，我们知道它主要是以硅藻和有机碎屑为食，此外也吃一些原生动物。

贻贝是用足丝固着生活的，它们一般固着在岩石上，有的也固着在浮筒或船底上面，因此浮筒会因增加重量而下沉，船只也会因增加重量和阻力而大大影响航行的速度。当然，附着在浮筒和船底的生物不只是贻贝一种，其他还有很多，例如牡蛎、藤壶等。为了降低它们的危害，人们不得不设法在船底涂上各种防污漆，让它们的幼体无法附着。

一种典型的贻贝危害

沿海各地的工厂里，常常汲引海水作为冷却用水，在引海水的同时，常常也把海水中所含的贻贝幼虫引了进来。这些幼虫进到海水管道里以后，可以很快地固着在水管壁上生长起来。由于工厂每天都在大量用水，引水管里的水流经常保持很快的速度，所以就给这些小贻贝带来了大量的食料和氧气，使它能在管道里很好地生长。这样贻贝便很快一个黏一个地聚生在管道的内壁上，无形中就等于加厚了管壁，缩小了水管的直径，这样就会大大地减少引进海水的数量。有时贻贝甚至把管道完全堵塞，以至管道不得不暂时停止工作。

生长繁殖

贻贝是雌雄异体的，繁殖期随种类和地区而不同。中国北方分布普遍的贻贝产卵期大致是4～5月和10～11月。产卵时的水温是12℃～16℃。在贻贝繁殖期间，它的生殖腺特别肥大，生殖细胞充满整个外套膜。这时雌性、雄性可以从外套膜和生殖腺的颜色区分出来：雄体这部分的颜色是黄白色，雌体的颜色较深为橙黄色。精子和卵子都直接排在海水里，卵很小，直径大约70微米左右，每个母体产卵可达1200万粒。在实验室里培养的个体，产卵时可使整个培养缸中的水变浑。卵在海水中遇到精子即受精发育，经过担轮幼虫和面盘幼虫时期，大约3～4个星期便沉至海底用足爬行，以后分泌足丝附着在外物上，变成小贻贝，过固着的生活。

种类繁多的蛤

蛤属软体动物门双壳纲无脊椎动物，已知有约1.2万多种，其中约500种栖于淡水，其余的为海栖，通常栖于砂质或泥质的水底。严格来说，蛤指具两片相等的壳的双壳类动物。蛤的内脏团前后各有一束闭壳肌连接于两壳之间，用以闭壳。蛤有强大、肌肉质的足。蛤通常埋于水底泥沙中近表面处至0.6米深处，很少像双壳类动物那样在水底移动。多数蛤类栖于浅水水域，埋于水底泥沙中免受波浪之扰。有人曾在太平洋的4800米深处发现过深海团结蛤。

习性

蛤从进水管吸进水，又从出水管将水排出，从而进行呼吸和摄食。蛤鳃上有无数纤毛摆动将水流驱动，另一些纤毛将流入的水流中的食物滤出，与黏液黏结，运入口中。雌体将卵释入水中，卵在水中与雄体排出的精子相遇而受精。幼体自由游泳一段时间，然后沉埋于水底生活。少数蛤类，如芽蛤属的种类，进行体内受精和发育。

种类

蛤类的体形大小差异极大，小者如骨节心蛤属，长仅0.1毫米；大者如产于印度洋和太平洋的大砗磲，宽达1.2米。

许多蛤类，包括圆蛤、女神蛤和海螂可食。帘蛤科的可食种类有北圆蛤（又称樱桃核蛤、小颈蛤、硬壳蛤）和南圆蛤。北圆蛤长7.5～12.5厘米；壳白色，无光泽，厚实，圆形，具明显的同心圆纹；分布于圣罗伦斯湾至墨西哥湾一带的潮间带，是大西洋沿岸最重要的食用蛤。南圆蛤长7.5～15厘米；壳白色，重而厚实；分布于乞沙比克湾至西印度群岛一带的潮间带。

太平洋女神蛤分布于从阿拉斯加至下加利福尼亚沿岸，生活在潮滩60～90厘米深的泥中；壳白色，椭圆形；长15～20厘米，重量可达3.6千克。大西洋女神蛤与之相似，分布于从北卡罗来纳至墨西哥湾一带沿岸的海域。

海螂俗称软壳蛤、长颈蛤、蒸蛤，是汤和杂烩的常用材料；分布于所有海洋，生活在深10～

30厘米的泥中；壳呈灰白色，卵圆形；长7.5～15厘米。

斧蛤属的种类也常作为肉汤和杂烩的食料。南斧蛤长1～2.5厘米，粉红色、黄色、蓝色、白色或淡紫色，分布于从弗吉尼亚至墨西哥湾多沙的海滩。北斧蛤长1～12毫米，黄白色，有淡蓝色辐射线纹，栖于长岛至新泽西州开普梅一带的浅水水域。

通常不作为食品的蛤类包括血蛤科、中韧蛤科、篮蛤科、帮斗蛤科、色雷斯蛤科、海笋等。

食用功效

蛤蜊性味冷，无毒（《嘉祐本草》）。味咸，寒，无毒（《日用本草》)。味甘，大寒，无毒（《饮膳正要》)。保健功能是滋阴、利水、化痰、软坚，治消渴、水肿、痰积、痞块、瘿瘤、崩、带、痔疮(《中药大辞典》)。《本草经疏》说：“蛤蜊其性滋润而助津液，故能润五脏，止消渴，开胃也。咸能入血软坚，故主妇人血块及老癖为寒热也。”《本草会编》说：“蛤蜊，生东南海中。白壳紫唇，大二三寸，闽、浙人以其肉充海错，亦作为酱醢，其壳火煅作粉，名曰蛤蜊粉也。”

类似蛤蜊的动物还有西施舌和文蛤。西施舌又称车蛤，为蛤蜊科，生活于浅海泥沙滩，我国沿海均有分布，性味甘咸，滋阴养液，清热凉肝，明目。

行动缓慢的泥螺

泥螺，属软体动物门腹足纲后鳃亚纲头楯目阿地螺科泥螺属的一种（泥螺属仅有泥螺一种），为太平洋西岸海水及咸淡水特产的种类。泥螺在我国沿海均有分布，体呈长方形，头盘大而肥厚，外套膜不发达，侧足发达，遮盖贝壳两侧的一部分。贝壳呈卵圆形，幼体的贝壳薄而脆，成体较坚硬；白色，表面似雕刻有螺旋状环纹；内面光滑，有黄褐色外皮。

泥螺，古称吐铁。据明万历《温州府志》记载："吐铁一名泥螺，俗名泥蛳，岁时衔以沙，沙黑似铁至桃花时铁始吐尽。"泥螺在温州被称为泥糍，因其生长在泥涂中而得名。闽南称其为麦螺蛤，因其盛产于麦熟季节。在江、浙、沪一带称其为黄泥螺，因其贝壳为黄色，加工腌渍的卤液亦呈黄色或淡黄色而得名。泥螺的外壳呈卵圆形，壳薄脆，其壳不能包被全部身体，腹足两侧的边缘露在壳的外面，并且反折过来遮盖了壳的一部分，体长方形，拖鞋状，头盘大，无触角，壳无螺塔。

泥螺行动缓慢，它用头盘掘起泥沙，使泥沙与身体分泌的黏液混合，包在身体表面。酷似一塔状凸起的泥沙，起着拟态保护作用。泥螺生活中对温度和盐度的变化适应力强，易生长。

泥螺雌雄同体，但异体受精。性成熟时，常可见到雌螺和雄螺在滩涂上交尾，产下一圆形胶质膜包被的透明卵群，每群有一胶质柄固着在海滩上。密密麻麻的卵群随潮涨落在水中波动，煞是壮观。受精卵在水温25℃～28℃时，4天即可完成胚胎发育；温度低，发育速度相应减慢。泥螺在发育过程中要经过一段浮游生活期，后变态成幼螺转变为底栖生活。

形态习性

泥螺壳薄而脆，成贝体长40毫米左右，宽12～15毫米，在我国南北沿海均有分布。泥螺是潮间带底栖动物，生活在中低潮区泥沙质或泥质的滩涂上，退潮后在滩涂表面爬行，在阴雨或天气较冷时，潜于泥沙表层1～3厘米处，不易被人发现，日出后又爬出觅

食，以底栖藻类，有机碎屑，无脊椎动物的卵、幼体和小型甲壳类等为食。

它适应性较强，在1.5℃的严冬和33℃的炎夏都能生存，但最适宜生长水温为15℃～30℃，如水温超过33℃，48小时内，成活率只有60%。

养殖

泥螺经一年饲养，即可达到性成熟，每年5～6月为繁殖盛期，通常在傍晚或上半夜产卵排精。一般放养5～6个月，规格可达100～150粒/千克左右，即可捕捉上市，以谷雨至小满节气时，螺肉最为丰满。螺肉爽口，营养丰富，可煲粥、炒螺肉食用；也可盐腌、酒渍、加工成泥螺罐头，销往香港、澳门、台湾及东南亚；螺肉切片加工速冻后，亦畅销欧美市场。据悉，在上海，泥螺年销量突破1000吨，且每年以30%的速度增长。但由于其野生资源有限，人工养殖也未能很好地开展起来。

营养

泥螺以桃花盛开时所产的质量最佳，此时泥螺刚刚长成，体内无泥且无菌，味道也特别鲜美。中秋时节所产的“桂花泥螺”，虽然比不上农历三月时的“桃花泥螺”，但也粒大脂丰，极其鲜美。泥螺含有丰富的蛋白质、钙、磷、铁及多种维生素成分。泥螺营养丰富，又具一定的医药作用。据《本草纲目拾遗》载：泥螺有补肝肾、润肺、明目、生津之功能。民间还有以酒渍食，防治咽喉炎、肺结核的做法。

利用价值极高的扇贝

扇贝是扇贝属的双壳类软体动物的代称。该科的60余种是世界各地重要的海洋渔业资源，壳、肉、珍珠层具有极高的利用价值。

扇贝科的海产双壳类软体动物，约有50个属和亚属，400余种。

扇贝世界性分布，见于潮间带到深海；壳扇形，但蝶绞线直，蝶绞的两端有翼状突出；大小约2.5～15厘米。其壳光滑或有辐射肋。肋光滑，鳞状或瘤突状，鲜红、紫、橙、黄到白色，下壳色较

淡，较光滑。扇贝有一个大闭壳肌，外套膜边缘生有眼及短触手，触手能感受水质的变化，壳张开时如垂帘状。

扇贝常见于清净海水的细沙砾中，取食微小生物，靠纤毛和黏液收集食物颗粒并移入口内，能游泳，双壳间歇性地拍击，喷出水流，借其反作用力推动本身前进，卵和精排到水中受精。

扇贝孵出的幼体自由游泳，随后幼体固定在水底发育，有的扇贝能匍匐移动。幼体分泌的足丝固着在他物上。有的扇贝终生附着生活，有的扇贝中途又自由游泳。

海星是其最重要的敌害，海星会用腕将其包围，用管足吸附使其壳张开，将胃翻出消化扇贝壳内柔软的肉体。

原始人即食扇贝，并把贝壳作为器皿。中世纪时，朝圣扇贝的壳的图案成为一种宗教标志（圣詹姆斯之章）。

扇贝有两个壳，大小几乎相等，壳面一般为紫褐色、浅褐色、黄褐色、红褐色、杏黄色、灰白色等。它的贝壳很像扇面，所以就很自然地获得了扇贝这个名称。贝壳内面为白色，壳内的肌肉为可食部位。扇贝只有一个闭壳肌，所以是属于单柱类的贝类。闭壳肌肉色洁白、细嫩，味道鲜美，营养丰富。闭壳肌干制后就是“干贝”，被列入八珍之一。

扇贝广泛分布于世界各海域，以热带海的种类最为丰富。中国已发现约45种，其中北方的虾夷扇贝和南方的华贵栉孔扇贝及长肋日月贝是重要的经济品种。

习性

扇贝为滤食性动物，对食物的大小有选择能力，但对种类无选择能力。大小合适的食物随纤毛的摆动送入口中，不合适的颗粒由足的腹沟排出体外。其摄食量与滤水速度有关，滤水速度在夜间1～3点为最低值，因此摄食量在夜间最大。它的主要食物为有机碎屑、悬浮在海水中的微型颗粒和浮游生物，如硅藻类、双鞭毛藻类、桡足类等；其次还有藻类的孢子、细菌等。其食物种类组成与环境中的种类相一致。

扇贝和贻贝、珍珠贝一样，也是用足丝附着在浅海岩石或沙质海底生活的，一般右边的壳在下、左边的壳在上，平铺于海底。扇贝平时不大活动，但当其感到环境不适宜时，能够主动地把足丝脱落，在较小范围内游泳。尤其是幼小的扇贝，用贝壳迅速开合排水，游泳很快，这在双壳类中是比较特殊的。

栉孔扇贝对低温的适应能力较强，水温-1.5℃也能生存。扇贝生长的适宜水温为15℃～25℃，在低于-1℃和35℃以上可导致死亡。扇贝对海水比重的适应范围是1.014～1.029，而1.017～1.026是其生长最适宜的范围。

利用价值

一般海水退潮的时候扇贝是露不出来的，所以捕捞它就比较费事了。在我国沿海，捕捞扇贝主要在北方，而且只有山东省石岛稍北的东楮岛和辽宁省的长海县长山群岛两个地方最有名。

扇贝的贝壳色彩多样，肋纹整齐美观，是制作贝雕工艺品的良好材料。到海边工作、旅行或休养的人们，都很喜欢搜集一些扇贝的贝壳作为送给朋友的纪念品。扇贝味道鲜美，营养丰富，与海参、鲍齐名，并列为海味中的三大珍品。扇贝的闭壳肌很发达，是用来制作干贝的主要原料。我国自20世纪70年代以来，先后在山东、辽宁沿海地区人工养殖扇贝。人工养殖扇贝，可缩短扇贝的成熟期，使扇贝产量增高。

扇贝种类

扇贝，是我国沿海主要养殖贝类之一。世界上出产的扇贝共有60多个品种，我国约占一半。常见的扇贝养殖种类有栉孔扇贝、海湾扇贝和虾夷扇贝。

★ 栉孔扇贝

品种来源：黄海。

特征特性：属软体动物门，双壳纲，瓣鳃亚纲，异拄目，扇贝科，扇贝属；生活在3～30米深的海底岩礁及沙砾上；滤食，饵料以浮游植物为主；耐温范围在1.5℃～25℃；适盐范围在16‰～43‰；产卵期在5月至6月；用途广，肉细嫩，味鲜，经济价值高。

栉孔扇贝属我国海区自然生种类，适宜于我国广大海域，特别是北方沿海养殖。栉孔扇贝营附着生活，足丝发达。成贝壳高可达8厘米以上，因右壳前耳有明显的足丝孔和数枚细栉齿而得名。壳面生长纹细密，具粗细不等放射肋，左壳约10条，右壳约20条，肋上有不整齐的小棘。

★ 海湾扇贝

品种来源：1982年从美国引进。

海湾扇贝不宜在我国养殖，主要原因是海湾扇贝个体滤水量24小时会达到1.2方至1.5方。我国海湾扇贝养殖面积的增大，导致大面积海域水质出现氨氮过高，溶解氧过低的问题，使海湾扇贝产量一年不及一年，其他养殖生物大量减少；导致海底淤泥增厚，这样一来我国的海洋环境会受到严重破坏。渔政及环保部门应迅速采取措施，抑制海湾扇贝在我国海域内的养殖，为子孙后代留下一片蓝色海洋。

特征特性：属软体动物门，瓣鳃纲，异柱目，扇贝科，扇贝属。贝壳扇形，两壳几乎相等，后耳大于前耳，前耳下方生有足丝孔。

壳面有放射肋18条，壳面呈黑褐色或褐色。生长适温范围在5℃～30℃，最适宜生长温度在18℃～28℃。

★ 虾夷扇贝

品种来源：1982年从日本引进。

特征特性：属滤食性双壳贝类，软体动物门，瓣鳃纲，异柱目，扇贝科，扇贝属。贝壳扇形，右壳较突出，黄白色；左壳稍平，较右壳稍小，呈紫褐色。壳表有15~20条放射肋，两侧壳耳有浅的足丝孔。自然分布水深为6～60米，底质为沙砾的浅海海底。虾夷扇贝为冷水性贝类，生长适温范围5℃~20℃，繁殖产卵的水温为5℃~9℃。自然生长最大个体可达20厘米，重900克，人工养殖17~23个月，个体平均壳长可达10厘米，重100~150克。虾夷扇贝肉味鲜美，营养价值高。

★ 华贵栉孔扇贝

华贵栉孔扇贝的壳面有浅紫褐色、淡红色、黄褐色或枣红云斑纹，壳高与壳长大约相等，放射肋大，约23条。华贵栉孔扇贝产于我国南海及东海南部，属暖水性贝类，自低潮线至深海都有分布。

用鳃呼吸的蚌

水蚌就是河蚌，分布于亚洲、欧洲、北美和北非，大部分能在体内自然形成珍珠。

蚌是一种水生动物，它用鳃呼吸，鳃很大，呈瓣状，左右各1个，每个又分为2瓣，都是由细长的鳃绦紧密相连接而成。蚌的鳃上有很多细小的纤毛，这些纤毛能够经常不断的颤动。由于纤毛的颤

动，使蚌体内和体外的水产生一个水流。这个水流的方向是使外界水通过入水孔流入蚌的身体内部，经过鳃再至身体的上部，最后从排水孔流出。

蚌活动时，这个水流是不间断的。新鲜水流经过鳃的时候，就同血管中的含碳酸气的血液进行气体交换，把氧气输送到血液中，污水就随着水流从排水孔流出。

蚌是在水底泥沙中生活的，活动能力很小。它没有头，也没有任何捕捉食物的器官，所以不能够主动去捕捉食物。蚌吃的东西是入水孔带进来的微小生物和其他有机物质等，它们都可以随着入水孔的水流进入蚌的身体之内，经过鳃上纤毛的扇动而进入蚌的口内。蚌对流入的水和食料是加以选择的，在入水孔的入口处，孔的周缘生长着很多小型的触手状的突起，如果感到要进来的水中含有对它不利的物质或生物时，就会把孔关闭起来，防止有害物质进入。此外，在蚌的身体里，鳃的基部还生长着一种特殊的嗅觉器官，叫作嗅检器。嗅检器的作用好像高等动物的鼻子，如果闻到进来的水中含有它不喜欢吃的东西，便严格地把它们跟食物分开，使它们顺着水流从排水孔排出体外。

总体来说，经过入水孔进到体内然后再经过排水孔排出体外的水流，对蚌的生活是有特别意义的。它不仅给蚌带来丰富的食料和新鲜氧气，而且还把蚌排出的废物送出体外。每天流经蚌身体的水，可达40升之多，对这样一个不大的动物来说，这个数字是很惊人的。

生活习惯

蚌是生活在江、河、湖、沼里的贝类，种类很多，一般常见的有两大类，一类喜欢生活在流动的河水里。它们的贝壳很厚，两个贝壳在背面相结合的部分有齿，壳的珍珠层较厚。它们叫珠蚌；另一类喜欢生活在水面平静的池塘里。它们的贝壳很薄，两个贝壳在背面相结合的部分没有齿。它们叫池蚌。

蚌的身体很柔软，活动能力很小，但是，它却有两扇坚硬的石灰质的贝壳保护着身体。遇到敌害向它进攻的时候，它柔软的身体便立刻缩到两个贝壳的中间，同时把两个贝壳紧紧地关闭起来，形成一道攻不破的“铜墙铁壁”。

蚌的形状

蚌的两个贝壳的大小和形状完全一样，在背面互相连接，而在前后和腹面分开，可以随意地关闭或张开。两个贝壳在背部相连的地方有角质的、富有弹性的韧带，有的种类除了韧带以外，还有凹凸不平的绞合齿，贝壳外表的颜色一般呈黑色或棕褐色。

蚌的贝壳的关闭和张开，是靠身体上的特殊肌肉和贝壳背面的韧带来完成的。

蚌的身体上有两块很发达的肌肉，它用两块肌肉将柔软的身体和贝壳连接在一起，并用来关闭贝壳，所以我们称它为闭壳肌。这两块闭壳肌几乎同样大小，都是由肌肉纤维组成，呈圆柱状，一块在身体前方，叫作前闭壳肌；一块在后面，叫作后闭壳肌。闭壳肌的伸缩力很强，随着它们的伸缩，两个贝壳相应地张开或关闭。

贝壳背面的韧带很有弹性，它的作用好像小弹簧，任务跟闭壳肌刚刚相反，是使两个贝壳保持张开的状态。

两个闭壳肌收缩使肉柱缩短，因而将左右两个贝壳关闭起来。肌肉收缩得越紧，肉柱越短，贝壳关闭得就越紧。如果两个闭壳肌松弛了，伸展了，肉柱便由短变长，失去了牵引左右两个贝壳的作用，贝壳便在韧带的弹力的作用下恢复到张开的状态了。

★ 贝壳结构

贝壳的结构由外层、中层、内层三层组成：最外边的一层很薄，差不多是黑色的，是由一种有机物质组成，这种有机物质叫角质层；中间的一层很厚，是贝壳的主要部分，为白色，是由许多角柱状的碳酸钙所组成，叫作棱柱层；最里边的一层很光亮，是由角质和石灰质所形成的许多小薄片重叠排列而成，叫作珍珠层。贝壳的这些部分，都是由紧紧贴在贝壳里层的外套膜的上皮细胞所分泌的液体形成的。

★ 外套膜

外套膜是一切贝类都有的保护身体的器官，它掩盖在内脏的外面，但是它很薄，而且是软的，所以它本身对蚌起不了什么保护作用。可是它却能分泌一种液体，形成坚硬的石灰质的贝壳。贝壳的角质层和棱柱层是由外套膜的边缘部分所形成的，它们可以随着蚌的身体增大而加大，但是厚度不能再增加。珍珠层是由外套膜整个上皮细胞所形成的，所以它在蚌的生长过程中不但可以增大，还可以不断地增厚。越是年老的蚌，珍珠层就越厚、越有光泽。

★ 斧足

蚌的足很特别，是一块像斧头一样的肥厚的肌肉，被称为斧足。斧足是蚌的运动器官，但是它的动作非常慢，而且每次只不过移动2~3厘米的距离。斧足除了能够移动身体以外，还有一个作用，就是挖掘泥沙，使蚌能钻到泥沙里生活。斧足先伸入沙中，然后收缩它的肌肉，蚌便缩入泥沙中了。

在贝壳张开、斧足伸出的同时，可以看到在蚌的身体后端，由左右两个外套膜形成的排水孔和入水孔的边縢，稍稍向外伸展，进行活动。入水孔在腹面，通常与前边的足孔相连，是新鲜水和食物进入蚌身体的孔道。排水孔在背面，是蚌排出身体里面水分的孔道。蚌的摄食、呼吸、排精、排幼体等，都需要用到孔道。

蚌的繁殖

雌蚌的个体比同龄的雄蚌要大，贝壳也略宽、略厚。另外，雄蚌的鳃绦宽大，宽度往往是雌蚌的2～3倍。

成熟的精子经过雄蚌输精管达到鳃上腔，再随着水流从排水孔排至体外的水中。含有精子的水，又顺着水流从入水孔进到雌蚌体内的鳃瓣之间。这时候雌体的卵也已经通过输卵管自生殖腺排出，聚集在它自己的鳃瓣之间。这样，精子和卵就在雌体的鳃瓣间相遇而进行受精。

受精的卵由于被母体鳃瓣分泌的黏液黏着，不会随着水流排到体外去。受精卵逐渐发育成小幼虫，这些幼虫都有两个小壳，而且在壳的侧缘都长着钩，身体的中央还长着一条很长的鞭毛绦。因为它的贝壳上长着钩，所以叫钩介幼虫。钩介幼虫不需要用母体分泌的黏液粘在鳃瓣上，而是用自己的长鞭毛绦缠绕在鳃绦上。钩介幼虫成熟后便通过蚌的排水孔排出体外，落在水底或在水流中悬浮。遇到鱼类时，钩介幼虫就用它贝壳侧缘的钩钩在鱼类的鳃或鳍上，这时鱼类因受到钩介幼虫的刺激，很快就形成一个被囊，把幼虫包起来，于是这个幼虫便开始了它的寄生生活。一只大的蚌可以产300

万个钩介幼虫，一个鱼体可以有3000个钩介幼虫寄生。一般钩介幼虫寄生对成体的鱼无显著的影响，但可以致使幼鱼死亡。有些种类的蚌的钩介幼虫需要寄生在某种特定的鱼类身上，有些种类的蚌的钩介幼虫则可以在很多种鱼类身上寄生。

钩介幼虫寄生期的长短随种类和水温而不同。在这一期间，幼虫逐渐变态，足和其他成体的器官次第发育完成，最后便破鱼体的被囊而出，落到水底，开始了蚌的底栖生活。

蚌的繁殖季节和习性随种类而不同。我国淡水育珠的优良品种——三角帆蚌的繁殖季节是4～6月。4月上、中旬，其生殖腺成熟，开始产卵、排精。受精卵一般约需30~45天孵化成钩介幼虫。母体排出钩介幼虫的最盛期是5月下旬到6月中旬。三角帆蚌的钩介幼虫寄生在鱼体的时间随水温而不同，约1～3个星期。

蚌的生长很慢，一般要到第三年，鳃瓣才能长全，到第五年，才能达到性成熟，并开始产卵。

第二章
有趣的头足类软体动物

无脊椎动物软体动物门，是除昆虫外歧异最大的类群，约7.5万种。体型的差异很大，但有共同的特征：体柔软而不分节，一般分头——足(有的头退化或消失，足肌肉质)和内脏——躯干(由背侧的内脏团、外套膜及外套腔组成)三部分。背侧皮肤褶襞向下延伸成外套膜，外套膜分泌包在体外的石灰质壳(有的退化成内壳或无壳)，无真正的内骨骼。

飞行速度超快的乌贼

乌贼，本名乌鲗，又称花枝、墨斗鱼或墨鱼，是软体动物门头足纲乌贼目的动物。乌贼遇到强敌时会以喷墨作为逃生的方法，然后伺机离开，因而有乌贼、墨鱼等名称。其皮肤中有色素小囊，会随情绪的变化而改变颜色和大小。乌贼会跃出海面，具有惊人的空中飞行能力。

乌贼亦称墨鱼、墨斗鱼，乌贼目海产头足类软体动物，与章鱼和枪乌贼近缘。

现代的乌贼出现于2 100万年前的中新世，祖先为箭石类动物，其特征为有一厚的石灰质内壳（乌贼骨、墨鱼骨或海螵蛸，可入药）。乌贼约有350种，体长2.5～90厘米，最大的大王乌贼体长达20米。

乌贼分布于世界各大洋，主要生活在热带和温带沿岸的浅水中，冬季常迁至较深海域。常见的乌贼在春季、夏季繁殖，约产100～300粒卵。

乌贼的身体像个橡皮袋子，有一船形石灰质的硬鞘，内部器官包裹在袋内。

乌贼在身体的两侧有肉鳍，体躯椭圆形，共有10条腕，其中有8条短腕；颈短，头部与躯干相连，有二腕延伸为细长的触手，用来游泳和保持身体平衡；头较短，两侧有发达的眼，头顶长口，口腔内有角质颚，能撕咬食物。乌贼的足生在头顶，所以又称头足类。乌贼主要吃甲壳类、小鱼或其他软体动物，主要敌害是大型水生动物。它是头足类中最为杰出的放烟幕专家；在遇到敌害时，会喷出烟幕，然后逃生。

乌贼的肉可食，它的墨囊里边的墨汁可加工为工业原料，墨囊也是一种药材，内壳可喂笼鸟以补充钙质。乌贼的内脏可以榨制内脏油，是制革的好原料。它的眼珠可制成眼球胶，是上等胶合剂。

乌贼是我国四大海产（大黄鱼、小黄鱼、带鱼、乌贼）之一，渔业捕捞量很大，肉鲜美，富营养。

外形特征

乌贼的身体可区分为头、足和躯干三个部分，躯干相当于内脏团，外被肌肉性套膜，具石灰质内壳。

头位于身体前端，呈球形，其顶端为口，四周围具口膜，外围有5对腕。头的两侧具一对发达的眼，构造复杂。眼的后下方有一椭圆形的小窝，为乌贼的嗅觉器官，相当于腹足类的嗅检器，为化学感受器。

乌贼的足已特化成腕和漏斗，10条腕左右对称排列，背部正中央为第一对，向腹侧依次为2～5对，其中第4对腕特别长，末端膨大呈舌状，位于体前端，呈球形。各腕的内侧均具4行带柄的吸盘。舌状部内侧有10行小吸盘，这些小吸盘被称为触腕穗。雄性左侧第5腕的中间吸盘退化，特化为生殖腕或茎化腕，可输送精子入雌性体内，起到交配器的作用，根据茎化腕可鉴别乌贼雌雄。腕和触腕是乌贼的捕食和作战武器，不仅弱小的生命将丧生于乌贼的腕下，即便是海中的庞然巨物——鲸，遇

见体长达十余米的大乌贼也难以对付。漏斗位于腹侧，基部宽大，隐于外套腔内，其腹面两侧各有一椭圆形的软骨凹陷，称闭锁槽，与外套膜腹侧左右的闭锁突相吻合，如子母扣状，称闭锁器，可控制外套膜孔的开闭。漏斗前端有一水管，露在外套膜外，水管内有一舌瓣，可防止水逆流。当闭锁器开启，肌肉性套膜扩张，海水自套膜孔流入外套腔，闭锁器扣紧，关闭套膜孔，套膜收缩，压水自漏斗的水管喷出，此为乌贼运动的动力。

乌贼的躯干呈袋状，背腹略扁，位于头后，外被肌肉非常发达的套膜，其内即为内脏团。躯干两侧具鳍，鳍在躯干末端分离，鳍在游泳中起平衡作用。由于躯干背侧上皮下具有色素细胞，可使其皮肤改变颜色的深浅。乌贼躯体方位依其在水中的生活状态，头端为前，躯干末端为后，有漏斗的一侧为腹，相反一侧为背。

乌贼身体扁平柔软，非常适合在海底生活。乌贼平时做波浪式的缓慢运动，可一遇到险情，就会以每秒15米（54千米/小时）的速度把强敌抛在身后，有些乌贼移动的最高时速达150千米。它不但逃走快，捕食更快。乌贼是水中的变色能手，其体内聚集着数百万个红、黄、蓝、黑等色素细胞，可以在一两秒钟内做出反应调整体内色素囊的大小来改变自身的颜色，以便适应环境，逃避敌害。乌贼的体内有一个墨囊，里面有浓黑的墨汁，在遇到敌害时迅速喷出，将周围的海水染黑，掩护自己逃生。

结构功能

★ 体壁

乌贼的体壁由上皮肤、肌肉等组成，具内骨骼。上皮为单层细胞，其下有许多色素细胞，色素细胞呈扁平状，细胞膜富弹性，周围有放射状的肌纤维。由于肌纤维的收缩，使色素细胞扩大呈星状，肌纤维舒张，色素细胞恢复原状，如此可使乌贼的皮肤改变颜色的深浅。上皮下尚有一种虹彩细胞使体表显得有光泽。

★ 内骨骼

乌贼内骨骼由内壳及软骨组成，内壳位于体背侧皮肤下的壳囊内，很发达，呈长椭圆形，前端圆，末端有一尖形突起。壳为石灰质，背侧硬，腹侧疏松，空隙多。

乌贼内壳不但可以增加身体的坚韧性，又可使身体比重减小，有利于游泳，并有助于保持平衡。其软骨发达，结构与脊椎动物相似，只是细胞有较长的分枝。乌贼身上的主要软骨有头软骨，包围中枢神经系统和平衡囊，上有孔，神经可伸出，还有颈软骨、腕软骨等。乌贼的内骨骼由外胚层发育而来。

★ 消化系统

乌贼的消化管呈“U”形，口位于前端的口膜中央，口内为肌肉性口腔，称口球，其内有一对鹦鹉喙状的颚片，一位背侧，一位腹侧，可切碎食物。口球底部为齿舌，帮助其吞咽食物。口腔内有前后唾液腺：前唾液为单个，唾液管开口于齿舌两侧，可分泌黏液；后唾液腺一对，位于食管前端背侧，有导管通入口球，分泌毒液，可杀伤、麻痹捕获的动物。口球下接细长的食管，连接胃的幽门部。胃位于内脏囊顶端，为长囊状，壁富肌肉。胃左侧为一盲囊，内壁褶皱，有纤毛。其肠短而粗，自胃幽门部转向前伸，稍作拱曲，末端为直肠，以肛门开口于外套腔漏斗基部后方。肛门两侧有一对肛门瓣，功能不详。

★ 呼吸器官

乌贼有羽状鳃一对，位于外套腔前端两侧。每鳃有一鳃轴，两侧生有鳃叶，鳃叶由许多鳃丝组成。鳃上密布微血管，水流经鳃，完成气体交换。鳃轴背缘有鳃腺，富有血管，可能与鳃的营养有关。

★ 循环系统

乌贼的循环系统基本为闭管式，仍有一些血窦。心脏由一心室二心耳组成，位于体近后端腹侧中央围心腔内。心室为菱形，不对称，壁厚，心耳长囊状，壁薄。心室向前伸出一前大动脉，分枝至头、套膜、消化管等处；心室向后伸出一后大动脉，至套膜、胃、直肠、生殖腺等器官。血液经微血管网汇入主大静脉，主大静脉分2枝成肾静脉入肾；肾静脉及体后的外套静脉入鳃基部的鳃心（鳃心壁为海绵质，可收缩），由入鳃静脉入鳃、再由出鳃静脉入左、右心耳，返回心室。在血液循环的过程中，头足类通过肾排出代谢产物，通过鳃进行氧碳交换。头足类的血压较高，可以超过脊椎动物。

★ 排泄系统

乌贼有一对肾，为囊状结构，包括一背室和二腹室。二腹室位于直肠背面两侧，左右对称。一对肾孔，开口于直肠末端两侧套膜腔中。围心腔以一对导管伸入腹室，其开口为肾口，肾可自围心腔内收集代谢产物。二肾静脉周围有海绵状的静脉腺，其分支中空，与静脉相通。这些腺体具有一层有排泄功能的腺质上皮，可从血液中吸收代谢产物，排入肾囊。肾的背室位于腹室的背侧，有孔与腹室相通。乌贼的排泄物不含尿酸而含有鸟嘌呤。

★ 神经系统

乌贼的神经系统发达，由中枢神经系统、周围神经系统及交感神经系统组成，结构复杂。

中枢神经系统由食管周围的脑神经节、脏神经节和足神经节等三对神经节组成，外有一软骨质壳包围。食管背侧为一对脑神经节，腹侧为一对足神经节和一对脏神经节，二者前后排列。另有一对腕

神经节，位于足神经节前后，并与之相连。一对口球神经节位于脑神经节前。周围神经系统由中枢神经伸出的神经组成。脑神经节发出视神经，又分出嗅神经等；脏神经节伸出外套神经，其外枝于漏斗基部两侧形成一对星芒神经节，内枝分出皮肤神经及鳍神经等，又分出漏斗神经、头缩肌神经等。交感神经由口球下神经节后面中央处分出来两条，沿食管两侧后行达于胃，形成胃神经节。胃神经节卵圆形，位于胃前端腹面，由此发出盲囊神经、胃神经、肠神经等。

乌贼的感官发达，有眼、平衡囊、嗅觉陷等。眼结构复杂，最外层为透明的角膜，无孔；中层为虹膜，瞳孔周围为虹彩，连于虹膜，瞳孔后为晶体和睫状肌；内层为视网膜，主要由杆状体组成，外层是视网膜细胞。眼的构造似脊椎动物，但由外胚层内陷形成。一对平衡囊位于头软骨内，介于足神经节和脏神经节之间。囊内充满液体，有一耳石，囊内前端背面有听斑，另有突起，被称为听脊，是感觉作用部分。嗅觉位于眼后下方，为上皮下陷，具有感觉细胞，脑神经节分出神经至此，为化学感受器。

★ 生殖系统

乌贼为雌雄异体，外形上区别不明显。其生殖为体外受精，直接发育。

雌性有一个卵巢，由体腔上皮发育形成，位于内脏团后端生殖腔中。卵成熟后落在腔内，由粗大的输卵管输出。雌性生殖初开口于鳃基部前方外套腔内。输卵管近末端处有一输卵管腺，其分泌物

形成卵的外壳。直肠两侧内脏囊壁上有一对大的产卵腺，开口于外套腔，其分泌物也形成卵的外壳及一种遇水即变硬的弹性物质，可将卵黏成卵群。产卵腺前还有一对小型副产卵腺，功能不明。生殖季节时，卵分批成熟，分批产出。

雄性有一个精巢，位于体后端的生殖腔中，来源于体腔上皮，由许多小管集成。精子成熟后，由小管落入生殖腔中。输精管长，曲折成一团，管上有贮精囊和前列腺，端部膨大成精荚囊，末端为阴茎，雄性生殖孔开口于外套腔。

繁殖发育

每年春夏之际，乌贼由深水游向浅水产卵，此谓生殖徊游，产卵后的乌贼会在近海大批死亡。我国乌贼的种类较多，洄游明显的为曼氏无针乌贼，盛产于浙江南部沿海及福建沿海；台湾枪乌贼，分布于台湾海峡以南海区，汕头外海及北部湾为其产卵场所。乌贼喜欢把卵产在海藻或木片上面，乌贼卵就像一串串葡萄似的挂在海藻或木片上面。因此，沿海的渔民常把树枝之类的东西捆成一束一束的，投入海中，引诱乌贼来产卵，待成群的乌贼游来产卵时，再张网捕捞。

乌贼产卵时的适宜温度为15℃～20℃，盐分为30‰以上。产卵前，雌雄交配，即雄性以茎化腕将精荚送入雌体外套腔中。精荚破裂，释放出里面的精子，卵在外套腔内受精。交配后不久，雌性即排出受精卵，受精卵圆形，一端稍尖，长约10毫米，成串聚积一起，表面黑色，黏于外物上，俗称“海葡萄”。乌贼卵含大量卵黄，属端黄卵，经不完全卵裂（盘式卵裂）以外包法形成原肠胚，直接发育。孵化出的幼体与成体相似。

玛瑙乌贼孵卵

在现在所知的乌贼中，仅有一种乌贼会照顾后代——玛瑙乌贼。母乌贼会抱着含有数百颗卵的大卵囊游动，孵卵期会持续6～9个月。在此期间，母乌贼完全不进食，只是守护着卵，等到卵孵化以后，任务完成了，它也就死去了。

营养价值极高的鱿鱼

鱿鱼属软体动物类，体呈圆锥形；体色苍白，有淡褐色斑；头大，前方生有触足10条，尾端的肉鳍呈三角形；常成群游弋于深约20米的海洋中。

目前市场上能看到的鱿鱼有两种：一种是躯干部较肥大的鱿鱼，它的名称叫枪乌贼；一种是躯干部细长的鱿鱼，它的名称叫柔鱼，小的柔鱼俗名小管仔。

鱿鱼体内具有二片鳃作为呼吸器官，身体分为头部、很短的颈部，头部两侧具有一对发达的鳃围绕口的周围，常活动于浅海中上层，垂直移动范围达百余米。

鱿鱼身体细长，呈长锥形，以磷虾、沙丁鱼、银汉鱼、小公鱼等为食，本身又为凶猛鱼类的猎食对象。其卵子分批成熟，分批产出，卵包于胶质卵鞘中，每个卵鞘随种类不同包卵几个至几百个，不同种类的产卵量差别也很大，从几百个至几万个。

中国枪乌贼（俗称鱿鱼），肉质细嫩。干制品称鱿鱼干，肉质特佳，在国内外海味市场负有盛名，年产约5万吨，主要渔场在中国海南北部湾、福建南部、台湾、广东、河北渤海湾和广西近海，以及菲律宾、越南和泰国近海，其中以海南北部湾、

渤海湾出产的鱿鱼为最佳。

外形特征

鱿鱼，虽然习惯上称它们为鱼，其实它们并不是鱼，而是生活在海洋中的软体动物，身体细长，呈长锥形，前端有吸盘。鱿鱼体内具有二片鳃作为呼吸器官，身体分为头部、很短的颈部和躯干部。

营养价值

鱿鱼，也称柔鱼、枪乌贼，营养价值很高，是名贵的海产品。

功效：鱿鱼除了富含蛋白质及人体所需的氨基酸外，还是一种含有大量牛磺酸的低热量食品，可抑制血中的胆固醇含量，预防成人病，缓解疲劳，恢复视力，改善肝脏功能。其含的多肽和硒等微量元素有抗病毒、抗射线作用。中医认为，鱿鱼有滋阴养胃、补虚润肤的功能。

适用人群：一般人均能食用。

适用量：每次30~50克。

特别提示：鱿鱼须煮熟透后才能吃。鲜鱿鱼中有一种多肽成分，脾胃虚寒的人应少吃。

营养分析

1.鱿鱼富含钙、磷、铁等元素，利于骨骼发育和造血，能有效治疗贫血。

2.鱿鱼除富含蛋白质和人体所需的氨基酸外，还含有大量的牛磺酸，可抑制血液中的胆固醇含量，缓解疲劳，恢复视力，改善肝脏功能。

3.鱿鱼所含的多肽和硒有抗病毒、抗射线作用。

4.中国科学院海洋研究所王存信教授认为，胆固醇有低密度和高密度之分，鱿鱼中的胆固醇以高密度为主，对人体有利无害。鱿鱼体内的脂肪与畜、禽类脂肪的结构是有明显区别的。

5.含蛋白质、欧米伽3脂肪酸、铜、锌、B族维生素和碘。B族维生素有助于缓解偏头痛，磷有助于钙吸收。100克鱿鱼只有70卡热量。每天吃鱿鱼不要超过一个拳头的量，吃时最好不要油炸。

中医认为，鱿鱼有滋阴养胃、补虚润肤的功能。其营养价值毫不逊色于牛肉和金枪鱼。每百克干鱿鱼含有蛋白质66.7克、脂肪7.4克，并含有大量的碳水化合物和钙、磷、磺等无机盐。鲜活鱿鱼中蛋白质含量也高达16%～20%，脂肪含量极低，仅为一般肉类的4%左右，因此热量也远远低于肉类食品，对怕胖的人来说，吃鱿鱼是一种好的选择。鱿鱼含有较高含量的牛磺酸，食用鱿鱼可有效减少血管壁内所累积的胆固醇，对于预防血管硬化、胆结石的形成都颇具效力，同时能补充脑力、预防老年痴呆症等，因此对容易罹患心血管方面疾病的中、老年人来说，鱿鱼更是有益健康的食物。

现代医学研究发现，鱿鱼中虽然胆固醇含量较高，但鱿鱼中同时含有一种物质——牛磺酸，而牛磺酸有抑制胆固醇在血液中蓄积的作用。只要摄入的食物中牛磺酸与胆固醇的比值在2以上，血液中的胆固醇就不会升高。而鱿鱼中牛磺酸的含量较高，其比

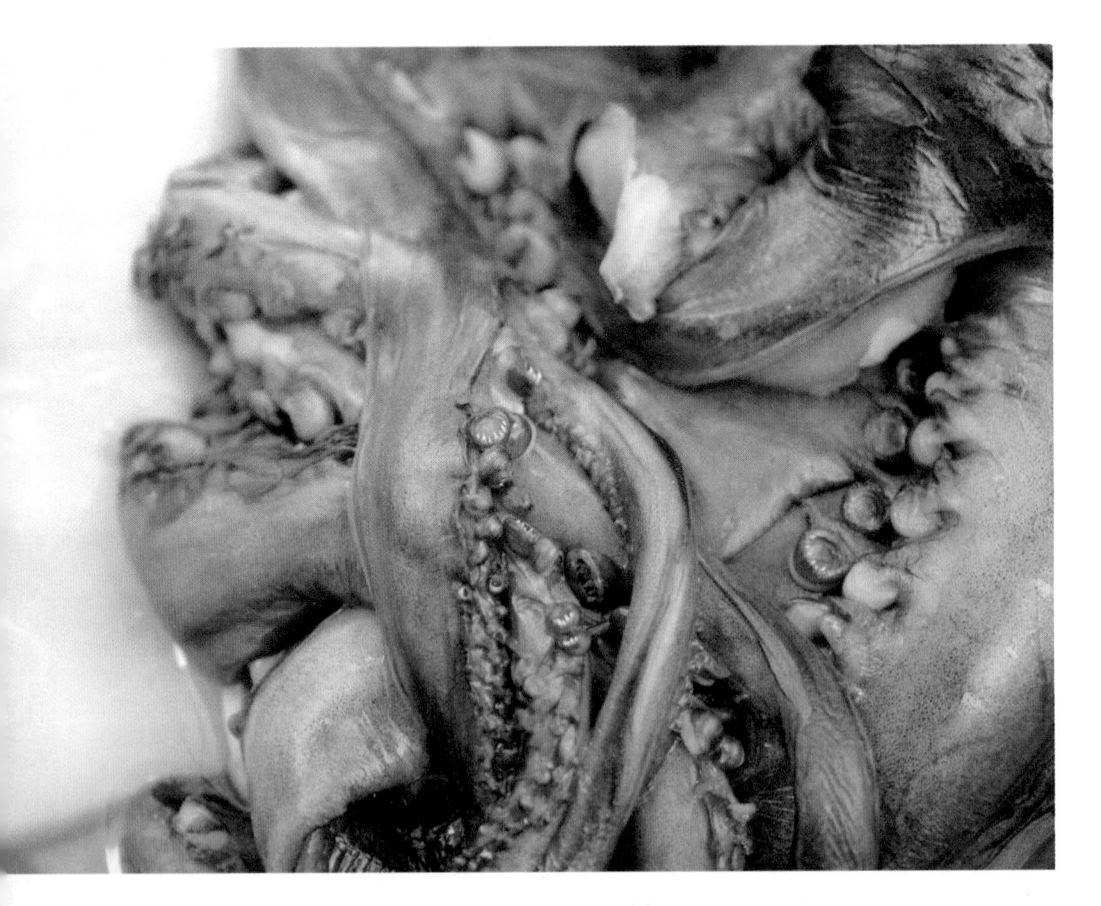

值为2.2，因此，食用鱿鱼时，胆固醇只是正常地被人体所利用，而不会在血液中积蓄。鱿鱼体内的胆固醇多集中于其内脏部位，人们根本没必要担心因为食用鱿鱼而导致胆固醇摄入量增多。

能迅速改变体色的章鱼

章鱼，又称石居、八爪鱼、坐蛸、石吸、望潮、死牛，属于软体动物门头足纲八腕目。章鱼有8个腕足，腕足上有许多吸盘。有些章鱼有相当发达的大脑，可以分辨镜中的自己，也可以走进科学家设计的迷宫，吃到迷宫中的螃蟹。

章鱼主要以虾、蟹为食，但有些种类也食浮游生物。许多海鱼以章鱼为食。在地中海地区、东方国家及世界上一些其他地区，人们视章鱼为佳肴。

章鱼，别名长章、短脚章、络蹄（《东医宝鉴》）、坐蛸、石吸、望潮（《闽中海错疏》）、八爪鱼、八带鱼、小八梢鱼、蛸（《动物学大辞典》），属无脊椎动物，软体动物门，头足纲，蛸科（章鱼科）。章鱼体呈短卵圆形，无鳍，头上生有8条腕，故又称八带鱼。章鱼的腕间有膜相连，长短相等或不相等，腕上具有2行无柄的吸盘。章鱼的头部7～9.5厘米。短蛸的腕长约12厘米，长蛸的腕长约48.5厘米，真蛸的腕长约32.5厘米。章鱼用腕爬行，借腕间膜伸缩来游泳，用头下部的漏斗喷水作快速退游。章鱼多栖息于浅海沙砾、软泥底以及岩礁处，肉食性，以瓣鳃类和甲壳类为食。春末夏初，章鱼喜在螺壳中产卵，故渔民常用绳穿红螺壳沉入海底，按时提取捕得章鱼。

秋冬季章鱼常穴居较深海域的泥沙中。

中国南北沿海均有章鱼分布，渔期分为春秋两季，春季3～5月份，秋季9～11月份。中国常见的章鱼有：短蛸、长蛸和真蛸等。

形态特征

全世界章鱼的种类约650种，它们的大小相差极大。最小的章鱼是乔木状章鱼，长约5厘米，而最大的可长达5.4米，腕展可达9米。典型的章鱼的身体呈囊状，头与躯体分界不明显，上有大的复眼及8条可收缩的腕。每条腕均有两排肉质的吸盘，短蛸的腕长约12厘米，长蛸的腕长约48.5厘米，真蛸的腕长约32.5厘米。章鱼平时用腕爬

行，有时借腕间膜伸缩来游泳，能有力地握持他物。腕的基部与称为裙的蹼状组织相连，其中心部有口，口有一对尖锐的角质腭及锉状的齿舌，用以钻破贝壳，刮食其肉。

章鱼雌雄异体。雄体有一条特化的腕，称为化茎腕或交接腕，用以将精包直接放入雌体的外套腔内。章鱼于冬季交配，平时用腕爬行，有时借腕间膜伸缩来游泳，或用头下部的漏斗喷水作快速退游。章鱼卵长约0.3厘米，雌体每次产卵总数在10万以上，产于岩石下或洞中。幼体于4～8周后孵出，孵化期间，雌体守护在卵旁，用吸盘将卵弄干净，并用水将卵搅动。幼章鱼形状酷似成体而小，孵出后需随浮游生物漂流数周，然后沉入水底隐蔽。

章鱼不仅可连续六次往外喷射墨汁，而且还能够像最灵活的变色龙一样，改变自身的颜色和构造，变得如同一块覆盖着藻类的石头，然后突然扑向猎物，而猎物根本没有时间意识到发生了什么事情。章鱼能利用灵活的腕足在礁岩、石缝及海床间爬行，有时把自

己伪装成一束珊瑚，有时又把自己装扮成一堆闪光的砾石。澳洲墨尔本大学的马克·诺曼教授，在1998年于印尼苏拉威西岛附近的河口水域发现一种章鱼能迅速拟态成海蛇、狮子鱼及水母等有毒生物，以避免被攻击。

生活习性

章鱼将水吸入外套膜，呼吸后又将水通过短漏斗状的体管排出体外。

大部分章鱼用吸盘沿海底爬行，但受惊时会从体管喷出水流，喷射的水流强劲，从而使章鱼迅速向反方向移动。遇到危险时，章鱼会喷出墨汁似的物质，作为烟幕。有些章鱼种类喷出的物质可麻痹进攻者的感觉器官。

最为人所熟知的章鱼是普通章鱼。它体形中等，广泛分布于世界各地热带及温带海域，栖息于多岩石海底的洞穴或缝隙中，喜隐匿不出，主要以蟹类及其他甲壳动物为食。章鱼被认为是无脊椎动物中智力最高者，又具有高度发达的含色素的细胞，故能极迅速地改变体色，变化之快亦令人惊奇。

稳定的结构肌红蛋白是章鱼在深海生存的必要条件。章鱼热衷于吃虾、蟹等甲壳类动物，不是它喜欢不喜欢的问题。它与龙虾拼个你死我活，就是为了争夺虾青素资源。而虾青素是最强的抗氧化剂，是保证肌红蛋白结构稳定而不被氧化的必要条件。

2008年荷兰莱顿大学的科学家弗朗西斯科·布达教授和他的

实验小组成员，通过精确的量子计算手段发现，熟透的虾、蟹和以三文鱼等为代表的鱼类呈现出诱人的鲜红色的原因，是因为虾、蟹和以三文鱼等为代表的鱼类都富含虾青素，熟透的虾、蟹和以三文鱼等为代表的鱼类的天然红色物质就是虾青素。

典型物种

★ 蓝环章鱼

世界上最毒的章鱼是蓝环章鱼，主要分布在澳大利亚海域附近。这种小章鱼能致人死亡。不过它一般不会主动攻击人类，只要人们在海边游玩时别踩到它。

★ 真蛸

真蛸是中国重要的渔业捕捞对象，主要分布于东南沿海，以浙江舟山，福建平潭、霞浦、厦门，广东汕头、台山、电白、湛江，广西北海等地较多，并广泛分布于日本以南太平洋、印度洋、大西洋和地中海海域。渔期分春秋两季，春季3～5月份，秋季9～11月份。

章鱼相关趣闻

19世纪初，一艘载着为日本皇室搜罗的高丽珍贵瓷器的轮船在日本海沉没了。100多年间，尽管人们清楚地知道沉船的地点，可是，连最好的潜水员也无法潜到这么深的地方。后来有几位渔民产生了一个绝妙的想法：为何不请章鱼帮忙呢？他们捕捉了一些章鱼，将它们拴上长绳子，然后放到装载瓷器的沉船处。这些章鱼沉到海底，一发现各种各样的陶瓷器皿就纷纷钻了进去。渔民觉得到时候了，便小心翼翼地将绳子提起，极为顽固的章鱼一点儿也没觉察出来。于是，这些执着的“打捞工”就这样一件一件地将沉船里的贵重瓷器打捞了上来。

章鱼似乎对各种器皿嗜好成瘾，渴望藏身于空心的器皿之中。一次，人们在英吉利海峡打捞出一个容积为9升的大瓶子，发现里面藏着一条章鱼。这个瓶子瓶口的直径不足5厘米，可是，身粗超过30厘米的章鱼，却能将伸缩如橡皮筋般的身子钻进瓶子。又有一次，人们在距法国马赛不远的海底，发现了一艘古希腊时期的沉船。货舱中，装满了盛面用的双耳瓶和大型水罐，在这些瓶瓶罐罐中，几乎每个瓶罐里都有一条章鱼。毫无疑问，这艘3层楼高的大船的覆没给章鱼提供了数千幢好“住宅”。两千年来，这些章鱼祖祖辈辈都居住在这样的沉船里。

其实，章鱼不只爱钻瓶罐，凡是容器，它都爱钻进去栖身。失事飞机沉入海底后，汽油箱也给机灵的章鱼提供了栖身之处。有人从地中海捞出了一个人的头骨，里面也藏着一条章鱼。这条章鱼竟然看中了这阴森的“住宅”，十分留恋地不肯离去。还有一条章鱼钻进沉船舱司的一条裤子里，当一位潜水员正要伸手去拿裤子时，突然，裤子一跃而起飞了出去，把这位潜水员吓个半死。

鉴于章鱼有钻器皿的嗜好，人们常常用瓦罐、瓶子等渔具捕捉章鱼。日本渔民每天早晨将各种形状的陶罐拴在长绳子上沉入海底。过了几个时辰，渔民们将陶罐提上来时，章鱼还极为固执，不肯从舒适的“房舍”中钻出来。这时，只要往罐中撒一点儿盐，它就会从避身之处出来。印度渔民使用的方法也类似，但不是用陶罐，而是用大螺壳。他们往往将八九百只大螺壳织成捕捉网，每天可捕到二三百条章鱼。古巴渔民则用风螺壳来诱捕章鱼。突尼斯渔民更绝，把排水管扔到海底，也能捕捉到章鱼。

人们利用章鱼这一习性，不仅能从事渔业生产，还能打捞沉在海底的贵重器皿等物品，这时，章鱼便充当工厂“打捞工”的角色。第一次世界大战期间，很多军舰和商船把希腊的克里特岛海岸当作基地，不少运煤船经常在这里卸煤，久而久之，掉在海底的煤块儿堆积如山。渔民们想把这些煤块儿捞上来，可是他们又买不起采掘机。这时，人们又想起了章鱼。章鱼很有力气。身长1.5～2米的章鱼，吸盘直径约为6毫米，吸重力为100多克。章鱼生活在水下，如果没有陶瓷、瓦罐、海螺、贝壳可作居室时，便自己动手建造房屋。它们往往能拖住超过自身重5倍、10倍，甚至20倍的大石块。一次，人们发现，一条章鱼一下子拖来8块石头，每块石头重220克。克里特人掌握章鱼这些习性后，便让它们充当“捞煤工”。他们把捕到的章鱼拴上长绳沉到深海，因为章鱼不习惯在绳子上晃荡，一到海底便绝望地抓住遇到的第一块石头。这样，克里特人便用章鱼捞上不少煤块儿。

海洋软体动物鹦鹉螺

鹦鹉螺是海洋软体动物，共有2属，6种，仅存于印度洋和太平洋海区。鹦鹉螺的壳薄而轻，呈螺旋形盘卷；壳的表面呈白色或者乳白色；生长纹从壳的脐部辐射而出，平滑细密，多为红褐色。整个螺旋形外壳光滑如圆盘状，形似鹦鹉嘴，故此得名鹦鹉螺。鹦鹉螺已经在地球上经历了数亿年的演变，但外形、习性等变化很小，被称作海洋中的“活化石”，在研究生物进化和古生物学等方面有很高的价值，在现代仿生科学上也占有一席之地。1954年，世界第一艘核潜艇“鹦鹉螺”号诞生，许多国家的潜艇也以“鹦鹉螺”命名。

外形特征

鹦鹉螺具卷曲的珍珠式外壳，壳光滑，卷曲，贝壳最大可为26.8厘米，但成年鹦鹉螺一般都不超过20厘米。大脐鹦鹉螺是鹦鹉螺家族中体形最小的属种，一般只有16厘米。其外壳由许多腔室组成，大约分为36室，最末一室为躯体所居，即被称为“住室”的最大壳

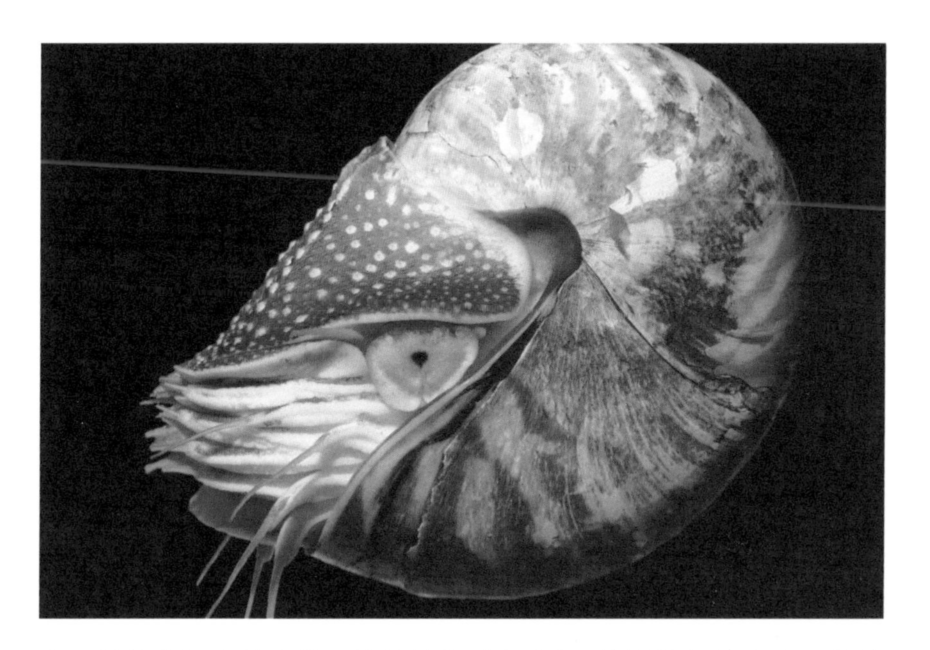

室。其他各层由于充满气体均称为“气室”。外套位于外壳内，各腔室之间有隔膜隔开，室管穿过隔膜将各腔室连在一起，气体和水流通过室管连通，生物体由此控制浮力。它有2对鳃，具63～94只腕，但无吸盘，雌性较雄性多。它的眼简单，无晶状体，无墨囊，漏斗两叶状，具运动功能。

鹦鹉螺有近似于脊椎动物水平的发达的脑，循环、神经系统也很发达，眼构造简单；无墨囊；心脏、卵巢、胃等器官生长在靠近螺壁的地方，保护得很好；雌雄异体，有着很大的卵。

鹦鹉螺是螺旋状外壳的软体动物，是现代章鱼、乌贼类的亲戚。

鹦鹉螺的贝壳很美丽，构造也颇具特色，这种石灰质的外壳大而厚，左右对称，沿一个平面作背腹旋转，呈螺旋形。贝壳外表光滑，灰白色，后方间杂着许多橙红色的波纹状。壳有两层物质组成，外层是磁质层，内层是富有光泽的珍珠层。

被解剖的鹦鹉螺，像是旋转的楼梯，又像一条百褶裙，一个个隔间由小到大顺势旋开，它决定了鹦鹉螺的沉浮，这正是开启潜艇构想的钥匙。世界上第一艘蓄电池潜艇和第一艘核潜艇因此被命名为“鹦鹉螺”号。

螺壳构造

鹦鹉螺的外壳呈螺旋形，贝壳弯曲，在平面上作背缘旋转，呈圆盘形。贝壳左右对称，壳面光滑，呈灰白色，具有多条红褐色的火焰条状斑纹，生长纹细密。内部表面为珍珠层，被分隔成许多独立的小房间（到目前为止解剖发现最多的有38个隔断），各隔断之间有一根体管相连通，通过控制房间内的气体排放来完成身体在水中的升降，最外边一间是最大的，用于存放鹦鹉螺的身体。鹦鹉螺有90只腕手，无吸盘，为叶状或丝状的触手，用于捕食及爬行，其中有两个合在一起变得很肥厚，当肉体缩到贝壳里的时候，

用它盖住壳口。在休息时，鹦鹉螺总会有几条触手负责警戒。在所有触手的下方，有一个类似鼓风夹子的漏斗状结构，通过肌肉收缩向外排水，以推动鹦鹉螺的身体向后移动。

鹦鹉螺被海洋生物学家称为“汪洋中的喷射推进器”。鹦鹉螺借由水流不断通过动物体的外套膜，然后经管状肌肉本身以及动物体膨胀喷射往后方推进移行。鹦鹉螺的外壳由横断的隔板分隔出三十余个独立的小房室，最后一个（也是最大一间）房室就是动物体居住处。当动物体不断成长，房室也周期性向外侧推进，在外套膜后方则分泌碳酸钙与有机物质，建构起一个崭新的隔板。在隔板中间，贯穿并连通着一根细管，输送气体（多为氮气）到各房室之中，这样，鹦鹉螺就像潜水艇似的，掌控着壳室的浮沉与移行。

鹦鹉螺通常夜间活跃，日间则在海洋底歇息，以触手握在底质岩石上。它生活在海洋表层直到600米深，气体的量必须能够调控，使鹦鹉螺适应不同深度的压力。当动物死亡后，身躯脱壳沉没，外壳则终生漂泊海上。它的名字事实上就是源自拉丁文“水手”一字，古代人们仅发现成群鹦鹉螺的空壳随波逐流，而数学家们更着迷于鹦鹉螺外壳切面所呈现优美的螺线。鹦鹉螺的螺旋中暗含了斐波拉契数列，而斐波拉契数列的两项间比值也是无限接近黄金分割数的。

生活环境

鹦鹉螺基本上属于底栖动物，平时多在100米的深水底层用腕部缓慢地匍匐而行，也可以利用腕部的分泌物附着在岩石或珊瑚礁上。

它们能够靠充气的壳室在水中游泳，或以漏斗喷水的方式“急流勇退”。在暴风雨过后，海上风平浪静的夜晚，鹦鹉螺惬意地浮游在海面上，贝壳向上，壳口向下，头及腕完全舒展。这类动物有夜出性，主要食物为底栖的甲壳类为主，特别喜食小蟹。

生活习性

在奥陶纪的海洋里，鹦鹉螺堪称顶级掠食者，它的身长可达11米，主要以三叶虫、海蝎子等为食，在那个海洋无脊椎动物鼎盛的时代，它以庞大的体型、灵敏的嗅觉和凶猛的嘴喙霸占着整个海洋。

鹦鹉螺属于古老的软体动物，已有上亿年的生活史，素有“活化石”之称，在研究动物进化上有很高价值。鹦鹉螺与乌贼同属于软体动物头足纲，外形却与腹足纲普通的螺相似：具有单一螺旋形的外壳，将身体蜷曲于外壳中，通过壳室内空气的调节来控制身体的沉浮。它们昼伏夜出，在傍晚上浮于水表层觅食，经人工驯化后可在白天喂食，吃冷冻的鱼肉、鱿鱼及虾等。

繁殖方式

鹦鹉螺雌雄异体。交配时，雄性和雌性头部相对，腹面朝上，将触手交叉，雄性以腹面的肉穗将精子荚附于雌性漏斗后面的触手上，雌性的受精部位在口膜附近。受精后，短期内即产卵，仅产几枚至几十枚，但卵较大，40毫米×10毫米左右。

种群现状

鹦鹉螺在古生代几乎遍布全球，但现在基本绝迹了，只是在南太平洋的深海里还存在着六种鹦鹉螺。

鹦鹉螺现存的种类不多，但化石的种类多达2500种。这些在古生代高度繁荣的种群，构成了重要的地层指标。地质学家利用这些存在于不同地质年代的化石，可以研究与之相关的动物演化、能源矿产和环境变化，为利用自然、改造自然提供科学的数据。

鹦鹉螺被古生物学家习称为无脊椎动物中的“拉蒂曼鱼”，一种活化石的代名词。这些具有分隔房室的鹦鹉螺，历经6500万年演化，外形似乎很少变化，而它们的祖先族群多达30多种，却在6500万年前那场大劫难中，与恐龙同遭被扫荡一空、灭绝的命运。

科学家之所以称它为“活化石”，是因为它和同样具有多房室外壳的菊石类相关联。

第三章 奇异的腹足类软体动物

腹足类是软体动物门的一纲，亦称有头类，以与无头类（瓣鳃类）相对应，为具有螺卷壳的一类，身体腹面宽广，肌肉发达而成足，成体因扭转而左右不对称。软体动物大多数为雌雄异体，不少种类雌雄异形，也有一些为雌雄同体。卵裂形式多为完全不均等卵裂，许多属螺旋形，少数为不完全卵裂。软体动物门在地质历史时期中有很多可作为指示沉积环境的指相化石。

最常见的软体动物蜗牛

蜗牛并不是生物学上一个分类的名称，而是指腹足纲的陆生所有种类。一般西方语言中不区分水生的螺类和陆生的蜗牛，汉语中蜗牛只指陆生种类，虽然也包括许多不同科、属的动物，但形状都相似。蜗牛属于软体动物，腹足纲，取食腐烂植物质，产卵于土中，在热带岛屿最常见，但也见于寒冷地区。树栖种类的色泽鲜艳，而地栖种类通常单色。非洲的玛瑙螺属体形最大，多数超过20厘米。欧洲的大蜗牛属的几个种常作佳肴，尤其在法国。蜗牛具有很高的食用和药用价值，是陆地上最常见的软体动物之一。

蜗牛有甲壳，形状像小螺，颜色多样化，头有四个触角，走动时，头伸出；受惊时，则头尾一起缩进甲壳中。蜗牛身上有唾涎，能制约蜈蚣、蝎子，六七月天热时，会自悬在叶下，往上升高，直到唾涎完了后自己死亡。

蜗牛是世界上牙齿最多的动物。虽然它的嘴大小和针尖差不多，但是却有约2.6万颗牙齿。在蜗牛的小触角中间往下一点儿的地方有一个小洞，这就是它的嘴巴，里面有一条锯齿状的舌头，科学家们称之为“齿舌”。

蜗牛有一个比较脆弱的、低圆锥形的壳，不同种类的壳有左旋或右旋的，头部有两对触角，后一对较长的触角顶端有眼，腹面有扁平宽大的腹足，行动缓慢；足下分泌黏液，降低摩擦力以帮助行走，黏液还可以防止蚂蚁等一般昆虫的侵害。

蜗牛一般生活在比较潮湿的地方，在植物丛中躲避太阳直晒。在寒冷地区生活的蜗牛会冬眠，在热带生活的蜗牛旱季也会休眠，休眠时分泌出的黏液形成一层干膜封闭壳口，全身藏在壳中，当气温和湿度合适时就会出来活动。蜗牛几乎分布在全世界各地，不同种类的蜗牛体形大小各异，非洲大蜗牛可长达30厘米，在中国北方野生的种类一般只有不到1厘米。一般蜗牛以植物叶和嫩芽为食，因此是一种农业害虫。但也有肉食性蜗牛，以其他种类的蜗牛为食，这种人工养殖可食用的蜗牛已经随同法国烹饪向世界各地传播。

蜗牛是雌雄同体的，有的种类可以独立生殖，但大部分种类需要两个个体交配，互相交换精子。普通蜗牛将卵产在潮湿的泥土中，一次可产100个卵，一般2～4周后小蜗牛就会破土而出。蜗牛的天敌很多，鸡、鸭、鸟、蟾蜍、龟、蛇、刺猬都会以蜗牛作为食物，萤火虫也主要以蜗牛为食。一般蜗牛寿命可以活2～3年，最长可达7年，但大部分可能当年就成为其他动物的食物。蜗牛在各种文化中的象征意义也不相同，在中国，蜗牛象征缓慢、落后；在西欧则象征顽强和坚持不懈；有的民族以蜗牛的行动预测天气，苏格兰人认为如果蜗牛的触角伸得很长，就意味着明天有一个好天气。由于蜗牛行动缓慢，人们常用来比喻一个人动作迟缓像蜗牛爬一样。

蜗牛具有很高的食用和药用价值，营养丰富，味道鲜美，属高蛋白、低脂肪、低胆固醇、富含20多种氨基酸的高档营养滋补品。蜗牛属腹足纲陆生软体动物，种类很多，遍布全球。据有关资料记载，世界各地有蜗牛约四万种。在我国各省区都有蜗牛分布，生活在森林、灌木、果园、菜园、农田、公园、庭园、寺庙、高山、平地、丘陵等地，但有饲养和食用价值的种类却很少。蜗牛作为人类的高蛋白、低脂肪的上等食品和动物性蛋白饲料，日益受到人们的重视。

蜗牛是陆地上最常见的软体动物之一，它主要以植物为食，特别喜欢吃农作物的细芽和嫩叶，所以野生的蜗牛对农作物危害较大。随着科学的发展，人们变害为利，把蜗牛进行人工饲养，让蜗牛为人类提供营养价值很高的蜗牛肉。

外形特征

蜗牛的整个躯体包括眼、口、足、壳、触角等部分，身背螺旋形的贝壳，其外形、颜色大小不一，它们的贝壳有宝塔形、陀螺形、圆锥形、球形、烟斗形，等等。

蜗牛的种类

蜗牛是陆生贝壳类软体动物，从旷古遥远的年代开始，蜗牛就已经生活在地球上。蜗牛的种类很多，有2.5万多种，遍布世界各地，仅我国便有数千种。我国有食用价值的蜗牛约11种，如褐云玛瑙蜗牛、高大环口蜗牛、海南坚蜗牛、皱疤坚蜗牛、江西巴蜗牛、马氏巴蜗牛、白玉蜗牛等。现在世界各地作为食料并人工养殖的蜗牛主要有以下几种。

★ 法国蜗牛

法国蜗牛又叫葡萄蜗牛，因主要生活在葡萄种植园内，以葡萄茎、叶、芽、果等为食而得名。又因其形似苹果，故而又称苹果蜗牛，学名叫盖罩大蜗牛。

法国蜗牛贝壳呈圆球形，壳高28～35毫米，宽45～60毫米。壳质厚而坚实，不透明，有5～5.5个螺层，螺旋部增长缓慢，呈低圆锥形。螺层膨大，壳口不向下倾斜，壳面呈深黄褐色或黄褐色，有光泽，并有多条黑褐色带。壳顶钝，成体之脐孔被轴唇遮盖。壳口呈椭圆形，口缘锋利，口唇外折，内质呈淡黄色或淡褐色。

★ 华蜗牛

华蜗牛的贝壳中等大，壳质薄而坚实，螺体呈低圆锥形，高约10毫米，宽约16毫米，有5～5.5个螺层，螺旋部低矮，略呈圆盘状，壳顶尖，缝合线明显。壳面黄褐色或黄色，螺层极膨大，其周缘具

有一条淡褐色色带。此外，在各螺层下部靠近缝合线处也有一条颜色较浅的色带。壳口椭圆形，其内有条白色瓷状的肋，脐孔呈洞穴状。

★ 庭园蜗牛

庭园蜗牛属哈立克斯蜗牛，原产欧洲中西部的法国、英国等地区，通常栖身于园林或灌木丛中，故得名庭园蜗牛，又叫散大蜗牛。此类蜗牛体形略小，直径约3厘米左右，螺壳质薄，呈黄褐色，并具有4条紫褐色带，壳表面布满许多黄褐色的小斑点。我国养殖的庭园蜗牛因品种退化，个体小，经济效益较差。

★ 玛瑙蜗牛

被台湾人称作露螺的蜗牛，在广东一带叫东风螺、菜螺或花螺，属于玛瑙蜗牛类。玛瑙蜗牛原产于东部非洲的马拉加西岛，后来传遍了整个热带地区，是世界上最大的蜗牛，故又称为非洲大蜗牛。螺形呈锥状，螺壳表面包有一层黄褐色的壳皮，并带有深褐色花纹。通常成蜗牛的螺壳长6～8厘米，宽3～4厘米，重50克以上。在非洲西部地区，特别是黄金海岸的居民，视蜗牛为唯一的动物性蛋白质。由于此种蜗牛肉味鲜美，倍受欧美老板的欢迎，致使非洲大蜗牛成为今日世界上的主食蜗牛。

★ 白玉蜗生

这种蜗牛是较适应在我国自然条件下生长的品种。

我国普遍养殖的品种叫白玉蜗牛，别称白肉蜗牛，以肉色雪白而得名白玉蜗牛，在全世界所有的食用蜗牛品种的大家族中，属首屈一指的佼佼者。白玉蜗牛是我国的特种动物之一，具有特殊价值、特殊营养、特异风味、特别用途，肉质肥厚，营养丰富，高蛋白，低脂肪，富有20多种氨基酸，也是宇航员和运动员最佳的滋补品。

它属于玛瑙蜗牛的变异品种，其特异之处在于头、颈、足的肌肉光色不同，但在形态和生活习惯上则与褐云玛瑙蜗牛没有区别，养殖方法也基本相同，只是养殖时对卫生条件要求高一些，而且其外销经济价值也高一些。

生态分布

★ 生态环境

蜗牛生活于灌木丛、矮草丛、农田及住宅附近的阴暗潮湿地区。它主要以植物茎叶、花果及根为食，是农业害虫之一，也是家畜、家禽等某些寄生虫的中间宿主。

★ 地域分布

蜗牛多分布于内蒙古、河北、山西、陕西、甘肃、青海、新疆、山东、江苏、浙江、河南、湖北、湖南、广东、广西、四川、吉林等地。

生活环境

蜗牛喜欢在阴暗潮湿、疏松多腐殖质的环境中生活，昼伏夜出，最怕阳光直射，对环境反应敏感，最适合环境：温度16℃～30℃(23℃～30℃时，生长发育最快)；空气湿度60%～90%；饲养土湿度40%左右；pH为5～7。当温度低于15℃、高于33℃时休眠，低于5℃或高于40℃，则可能被冻死或热死。

蜗牛喜欢钻入疏松的腐殖土中栖息、产卵、调节体内湿度和吸取部分养料，时间可长达12小时之久。蜗生杂食性和偏食性并存，喜潮湿，怕水淹。在潮湿的夜间，并投入湿漉漉的食料时，蜗牛的食欲旺盛，但水淹可使蜗牛窒息。蜗牛具有自食生存性，小蜗牛一孵出，就会爬动和取食，不要母体照顾。当受到敌害侵扰时，它的头和足便缩回壳内，并分泌出黏液将壳口封住；当外壳损害致残时，它能分泌出某些物质修复肉体和外壳，具有很强的忍耐性。蜗牛具有惊人的生存能力，对冷、热、饥饿、干旱有很强的忍耐性。它喜恒温，温度恒定在25℃～28℃之间时，它的生长发育和繁殖旺盛。蜗牛在爬行时，还会在地上留下一行黏液，这是它体内分泌出的一种液体。

生活习性

★ 排泄

蜗牛排泄器官在靠近呼吸孔的地方，叫气孔。它会把粪便排在自己的身上，通过腹足和黏液最终将粪便留在地上。

★ 呼吸

蜗牛的外套膜腔会在壳口处形成1个开口，称为呼吸孔，这是气体进出的地方。仔细观察，呼吸孔常会一开一关，就像是蜗牛呼吸用的“鼻子”，而当蜗牛缩进壳内时，还是会将呼吸孔的开口留于壳口处以便呼吸。外套膜常在足部或内脏团间，形成1个与外界相通的空腔，称为外套膜腔。蜗牛的呼吸器官就藏于外套膜腔内，有时透过蜗牛的壳，隐约可以见到壳底下密布的肺血管网，大多位于前侧，靠近头部的方向，这正是外套膜腔的位置。

★ 食性

蜗牛觅食范围非常广泛，主食各种蔬菜、杂草和瓜果皮；农作物的叶、茎、芽、花、多汁的果实；各种青草青稞饲料、多汁饲料、糠皮类饲料等。

生长繁殖

孵化期：是指从蜗牛产出的卵到孵化出壳时这一段时间。

幼螺期：是指蜗牛出壳后1个月的小螺阶段。

成螺期：幼螺满1月至6月龄之间，这5个月龄是蜗牛的成螺阶段。它是介于幼螺和种螺中间的时期，蜗牛在这个阶段既是生长发育（个体膨大），又是生殖生长（性器官的生长和发育）的时期。

种螺期：生长满6个月以上的蜗牛。

生殖特性

两个蜗牛相遇的时候，互相用触角接触，然后头和头相对，身体并连，彼此生殖腔的位置相接。这样暂时停止片刻之后，生殖部分突然反转，互相将阴茎插入对方的生殖孔中。一般说来，蜗牛的交尾时间是很长的，每次交尾大约需要2～3小时，有时可以达到6小时之久。

在交尾后，受精卵经过生殖孔产出体外，卵都产在地下数毫米深的土中或朽木、落叶之下。蜗牛的幼虫在卵壳中发育，孵出的幼体已经成蜗牛的样子了。

1．蜗牛雌雄同体，异体交配，雌雄均产卵，蜗牛本身“既当爹又当娘”。受孕10天后，双方均可产卵，8天后卵可孵化出小蜗牛。

2．交配时间长，产卵速度慢，难度程度高。发情的蜗牛每次的交配时间长达2～3个小时，有的长达6小时以上。蜗牛每分钟可产卵2粒，每次产卵时间长达1～2小时，有的在3小时以上。蜗牛在产卵过程中，常因营养缺乏虚脱难产而死亡，因难产而死亡的蜗牛占死亡蜗牛总数的30%左右。

3．繁殖率高。每只蜗牛每年可产卵6～7次，每次平均可产卵200粒。体重在35克的蜗牛每次可产卵120粒，体重在40～50克的蜗牛每次可产卵150～180粒；体重在60～100克的蜗牛每次可产卵300～400粒。

4．蜗牛的生殖不受年龄的限制。在同等适宜的生殖条件下，蜗牛越大，产卵量就越多。

5．寿命较短。蜗牛的寿命一般在5～6年。在不适宜的生活条件下，会加速蜗牛的死亡，缩短蜗牛的寿命。

6．三慢二快一难一多。三慢是行动慢、交配慢和产卵慢；二快

是生长快、缩壳快；一难一多是产卵难和产卵多。

弱点

蜗牛表面（除了壳）有一层黏液，有利于蜗牛的运动和皮肤辅助呼吸。盐能使蜗牛表面产生反应。当蜗牛的表面被撒上盐后，蜗牛运动和呼吸能力会降低。黏液渗到体外，使蜗牛身体萎缩，细胞缺水，这时的蜗牛好像被晒干一样，但绝对不会化成水。

天敌

蜗牛最致命的天敌是萤火虫（萤火虫的幼虫蚕食蜗牛身体，成虫在蜗牛身体内产卵）。萤火虫会注射一种毒素使蜗牛在毫无警觉时被麻痹，然后身体慢慢变成液体，供萤火虫享用。蜗牛的天敌还有蜗牛步甲和老鼠。蜗牛还有一些不容易发现的天敌，如一些寄生蜂和粉螨等。粉螨应该就是一种白色小虫，很多群居，以蜗牛或者蛞蝓的体液和表皮外套膜为食，短时间内伤害不大，如果成规模就对蜗牛造成致命的危害。

药用价值

《本草纲目》中早有以蜗牛治病的记载。

近代中医学也公认蜗牛具有清热、解毒、消肿、治消渴等作用，对糖尿病、高血压、高血脂、气管炎、前列腺炎、恶疮和癌症等疾病有辅助治疗作用。蜗牛的医疗功效有消肿疗疮、缩肛收脱、通利小便等，主治疮疗初起、部门瘰病、牙齿疼痛。俄罗斯科学院高级神经活动和神经生理学分院目前正在尝试用蜗牛等软体动物的神经组织治疗帕金森氏症。

帕金森氏症是因为大脑黑质细胞逐步退化，并停止分泌神经传导物质多巴胺所造成的。

帕金森氏症的主要症状为肌肉僵直、手足震颤。研究发现，哺乳动物对软体动物组织的排异能力很弱，研究人员将蜗牛神经组织植入老鼠脑内，其相互兼容的时间可长达6个月以上。在进一步改进技术后，俄罗斯专家已能使蜗牛的神经组织与患帕金森氏症的老鼠的脑组织融合在一起，并使受损的老鼠的脑功能逐步恢复。根据上述成果，俄罗斯专家在下一阶段的研究中，将用软体动物的神经组织对患有帕金森氏症的志愿人员进行试验性临床治疗。

食用价值

蜗牛在国际上享有“软黄金”美誉，它的肉嫩味美，营养丰富。据测定，每500克蜗牛肉中含蛋白质90克及氨基酸、维生素、钙、铁、铜、磷等多种人体所需要的营养素，是一种高蛋白、低脂肪食品。蜗牛性寒、味咸，有清热、消肿、解毒、利尿、平喘、软坚等功能，对糖尿病、咳嗽、咽炎、腮腺炎、淋巴结核、疮痛、痔疮、蜈蚣咬伤等疾病有一定疗效，因此被美食家誉为美味珍馐、保健佳品。

蜗牛肉内含20多种氨基酸和10多种微量元素及丰富的蜗牛酶、SOD等，其中蛋白质含量分别比甲鱼、猪肉、牛肉和鸡蛋高1个、11个、3个和7个百分点，而脂肪的含量仅为甲鱼、猪肉、牛肉和鸡蛋的1/18、1/272、1/92和1/70，每克蜗牛肉含硒0.45微克，为茶叶的4.5倍。从市场容量看，由于蜗牛食品符合天然化、野味化、营养化、保健化新潮流，国内外市场广阔，国际市场蜗牛制品年需求量约40万吨，仅美国一年就需进口31亿美元蜗牛。市场价格也很高，蜗牛冻肉纽约出厂价相当于人民币362.39元/千克，以6只蜗牛为原料的一盘菜肴售价高达18美元，法国、西班牙等地鲜活蜗牛每千克价格相当于人民币116.11元。我们已签订的出口白玉蜗牛罐头价格也达到每吨9000～1.4万美元。白玉蜗牛是我国批量选育的新品种，肉质细嫩、雪白，个体大，在国际市场上将会有更强的竞争力。近几年，国内已开发了以蜗牛为主要原料的保健食品系列、生化药品系列、复合营养饮料系列、化妆品系列、山珍野味罐头、冻肉系列等新产品，有几种治疗气管炎、前列腺炎等疾病的蜗牛药品将批量生产。从蜗牛分泌液（物）中还能提炼加工天然营养霜。

蜗牛是一种食用、药用和保健价值都很高的陆生类软体动物，其食用和药用历史已经有两千多年。在国外，蜗牛是世界七种走俏野味之一，列国际上四大名菜（蜗牛、鲍鱼、干贝、鱼翅）之首。在法国有“法式大菜”之誉，在欧美等国的圣诞节中，几乎到了没有蜗牛不过节的地步。中国沿海开放城市悄悄兴起食蜗牛热，每逢节假日，市场上的蜗牛都会脱销。邓小平同志生前曾品尝过蜗牛菜，他称赞说：“蜗牛菜弥补了国内一项空白，要很好地发展。”

分布广泛的田螺

田螺泛指田螺科的软体动物，属于软体动物门腹足纲前鳃亚纲田螺科。田螺在中国大部地区均有分布，可在夏、秋季节捕捉。淡水中常见有中国圆田螺、中华圆田螺等。

田螺小常识

田螺为软体动物，身体分为头部、足、内脏囊等3部分，头上长有口、眼、触角以及其他感觉器官。田螺的体外有一个外壳。田螺的足肌发达，位于身体的腹面。足底紧贴着的膜片，叫作厣，它像一个圆盖子，当遇到不测或需要休息时，田螺便把身体收缩在贝壳里，并通过足的肌肉收缩，用厣将贝壳严严实实地盖住。田螺的血液颜色较为特殊，为白色。田螺可以食用，可食部分主要是它的肉

质足。

田螺在全国大部地区均有分布，可在夏、秋季节捕捉。淡水中常见有中国圆田螺等。田螺中型个体，壳高约44.4毫米，宽27.5毫米。贝壳近宽圆锥形、具4～7个螺层，每个螺层均向外膨胀。螺旋部的高度大于壳口高度，体螺层明显膨大。壳顶尖。缝合线较深。壳面无滑无肋，呈黄褐色。壳口近卵圆形，边缘完整而薄，具有黑色框边。具有同心圆的生长纹，厣核位于内唇中央。

生存环境

田螺一般长在水塘里，如果水质不好的话，容易受污染，特别是作为食料的时候，如果螺内的大便没排干净，会有很多寄生虫，比如钉螺就是血吸虫的寄主。

因此吃田螺的时候最好买河螺或者田螺，水塘里的螺少吃。买回来后用一个桶放清水把螺养几天，每天换一次水，让螺把大便排净，煮螺的时候要把螺煮熟，杀死寄生虫。最好不要吃烧烤的海螺，因为如果烧不熟，容易感染肝吸虫病。

田螺养殖技术介绍

★ 田螺养殖场地选择

田螺养殖场地要选择水源充足，水质良好，腐殖质土壤及交通方便的地方。最好有流水。螺池规格一般宽1.5～1.6米，长度10～15米，也可以地形为准。池子四周做埂，埂高50厘米左右。池水两头开设进出水口，并安装好拦网，以防田螺逃逸。同时，在养殖池中间栽种茭白等水生植物，这不仅可提高土地产出率，而且又为田螺生长创造了良好的生态环境。

★ 放养量与饲养管理

田螺放养密度，一般每平方米放养100～120个，同时，每平方米套养夏花鲢鳙鱼种5尾左右进行主体养殖。田螺放养时间一般都在3月份。

★ 施肥投饵

养殖池先投施些粪便，以培养游浮生物为田螺提供饵料。施肥量视螺池底质肥瘦而定。田螺放入池后，投喂青菜、米糠、鱼内脏或菜饼、豆饼等。青角、鱼内脏要切碎与米糠等饲料拌匀投喂。菜饼、豆饼等要浸泡变软，以便于田螺摄食。投喂量视田螺摄食情况而定，一般按田螺总量的1%～3%计算，每2～3天投喂一次。投喂时间为每天上午，投饵的位置不必固定，饲料隔天投放。当温度低于15℃或高于30℃时，不需投饵。

★ 水质调节

一是螺池要经常注入新水，以调节水质，特别是在繁殖季节，最好保持池水流动，尤其是在高温的时候，采取流水养殖效果更好。

在春秋季节以微流水养殖为好。螺池水深度需常保持在30厘米左右。二是调节水的酸碱度。当池水pH值偏低时，每平方米施生石灰0.15～0.18公斤，每隔10～15天撒一次，使池水pH值保持7～8。

★ 田螺越冬管理

当水温下降到8℃～9℃，田螺便开始冬眠。冬眠时，田螺用壳顶钻土，只在土面留下一个圆形小孔，不时冒出气泡呼吸。田螺在越冬期不吃食物，但养殖池仍需保持水深10～15厘米。一般每3～4天换一次水，以保持适当的含氧量。

生殖特性

田螺雌雄异体。区别田螺雌、雄的方法主要是依据其右触角形态。雄田螺的右触角向右内弯曲（弯曲部分即雄性生殖器），此外，雌螺个体大而圆，雄螺小而长。田螺是一种卵胎生动物，其生殖方式独特，田螺的胚胎发育和仔螺发育均在母体内完成。从受精卵到

仔螺的产生，大约需要在母体内孕育一年时间。田螺为分批产卵，每年3月～4月开始繁殖，在产出仔螺的同时，雌、雄亲螺交配受精，同时又在母体内孕育次年要生产的仔螺。一只母螺全年约产出100～150只仔螺。

收获与运输

经过一年的精心饲养，投放的幼螺已经长到10～20克，当年孵出的仔螺也可达到5克以上规格。

收获田螺时，采取捕大留小、分批上市的办法，有选择地摄取成螺，留养幼螺和注意选留部分母螺，以做到自然补种，以后不需要再投放种苗。根据其生活习性，在夏、秋高温季节，选择清晨、夜间于岸边或水体中旋转的竹枝、草把上拣拾；冬、春季则选择晴天的中午拣拾。另外，也可采用下池摸捉或排水干池拣拾等办法采收田螺。田螺的运输很简便，可用普通竹篓、木桶等盛装，也可用编织袋包装，运输途中只要保持田螺湿润，防止曝晒即可。

食用忌讳

田螺与冰制品相克，导致消化不良或腹泻。冰制品能降低人的肠胃温度，削弱消化功能，而田螺性寒，食用田螺后如饮冰水，或食用冰制品，都可能导致消化不良或腹泻。

螺肉不宜与中药蛤蚧、西药土霉素同服；不宜与牛肉、羊肉、蚕豆、猪肉、蛤、面、玉米、冬瓜、香瓜、木耳及糖类同食。

单壳软体动物鲍鱼

鲍鱼是一种原始的海洋贝类，单壳软体动物，只有半面外壳；壳坚厚，扁而宽。鲍鱼是中国传统的名贵食材，四大海味之首。鲍壳是著名的中药材——石决明，有明目的功效。全世界约有90种鲍鱼，遍及太平洋、大西洋和印度洋。现在，世界上产鲍鱼的国家都在发展人工养殖，中国在20世纪70年代培育出杂色鲍鱼苗，人工养殖获得成功。鲍鱼以山东、广东、辽宁等地产量最多，产期为春、秋两季。

鲍鱼概述

鲍鱼是海洋中的单壳软体动物，只有半面外壳，壳坚厚，扁而宽，形状有些像人的耳朵，所以也叫它“海耳”。鲍鱼螺旋部只留有痕迹，占全壳的极小部分，壳的边缘有9个孔，海水从这里流进、排出，连鲍鱼的呼吸、排泄和生育也得依靠它，所以它又叫“九孔螺”。鲍壳表面粗糙，有黑褐色斑块，内面呈现青、绿、红、蓝等色交相辉映的珍珠光泽。新鲜鲍鱼经过去壳、盐渍一段时间，然后煮熟，除去内脏，晒干成干品。它肉质鲜美，营养丰富。“鲍、参、翅、肚”，都是珍贵的海味，而鲍鱼列在海参、鱼翅、鱼肚之首。鲍壳是著名的中药材石决明，古书上又叫它“千里光”，有明目的功效，因此得名。石决明还有清热、平肝息风的功效，可治疗头昏眼花和发烧引起的手足痉挛、抽搐等症。全世界约有90种鲍，它们的足迹遍及太平洋、大西洋和印度洋。我国渤海海湾产的叫皱纹盘鲍，个体较大；东南沿海产的叫杂色鲍，个体较小；西沙群岛产的半纹鲍、羊鲍，是著名的食用鲍。由于鲍鱼天然产量很少，因此价格昂贵。

鲍鱼分布产地

鲍鱼出产地有日本北部、中国东北部、北美洲西岸、南美洲、南非、澳洲等地，公认最佳产地为日本（干鲍）及墨西哥（罐头鲍）。由于多年的滥捕，鲍鱼的产量正逐年减少。

辽宁大连沿海岛屿众多，礁石林立，气候温和，饵料丰富，很适合鲍鱼栖息和繁衍，这里所产的鲍鱼占中国产量的70%。

形态特征

鲍鱼的身体外边，包被着一个厚的石灰质的贝壳，贝壳是一个右旋的螺形贝壳，呈耳状，它的拉丁文学名按字义翻译可以叫作“海耳”，就是因为它的贝壳的形状像耳朵的缘故。鲍鱼的单壁壳质地坚硬，壳形右旋，表面呈深绿褐色，壳内侧紫、绿、白等色交相辉映，珠光宝气。

另外，在鲍鱼的贝壳上都有从壳顶向腹面逐渐增大的一列螺旋排列的突起，这些突起在靠近螺层末端贯穿成孔，孔数随种类不同而异。在中国北方分布的盘大鲍有4～5个，南方分布的杂色鲍有7～9个。我国古代，给鲍鱼起名叫“九孔螺”，就是因为它的这种特征。

鲍鱼软体部分有一个宽大扁平的肉足，软体为扁椭圆形，黄白色，大的似茶碗，小的如铜钱。鲍鱼就是靠着这粗大的足和平展的跖面吸附于岩石之上，爬行于礁棚和穴洞之中。鲍鱼肉足的附着力相当惊人，一个壳长15厘米的鲍鱼，其足的吸着力高达200千克。任凭狂风巨浪袭击，都不能把它掀起。捕捉鲍鱼时，只能乘其不备，以迅雷不及掩耳之势用铲铲下或将其掀翻，否则即使砸碎它的壳也休想把它取下来。

鲍鱼的头部很发达，它的两个触角在伸展时很细很长。在触角的基部背侧各有一个短的突起，突起的末端生长着眼睛。在两个触角之间有头叶，头叶的腹面有向前伸出的吻，吻的前端有口。口里面有强大的齿舌，齿舌是许多贝类的特有器官，它是一个几丁质的带子，上面生着很多列小齿，形状很像锉刀，贝类就利用这些小齿刮取和磨碎食物。一般说来，草食性的种类，小齿的数目多，先端圆；肉食性的种类，小齿的数目少，但强有力，先端常有钩或刺。

鲍鱼是草食性种类，所以它的齿舌带上的小齿数目极多。

鲍鱼的足部特别肥厚，分为上、下两部分：上足生有许多触角和小丘，用来感觉外界的情况；下足伸展时呈椭圆形，腹面平，适于附着和爬行。我们吃鲍鱼主要就是吃它的足部的肌肉。

鲍鱼的外套膜和贝壳的形状一样，整个覆盖在身体背面。与共他螺类不同的是，在鲍鱼外套膜的右侧有一条裂缝，这个裂缝的位置与贝壳边缘的孔的位置相当，在裂缝的边缘上生长着触手。在鲍鱼活动时，这些触手便从壳孔伸出。外套膜边缘有裂缝是原始的腹足类的特征，像缝螺、有名的红翁戎和钥孔螺都是这样。

生活习性

鲍鱼喜欢生活在海水清澈、水流湍急、海藻繁茂的岩礁地带，摄食海藻和浮游生物为生。在沿海岛屿或海岸向外突出的岩角，都是它们喜欢栖息的地方。鲍鱼多爬匍于岩礁的缝隙或石洞中，它们分布的水深随种类而不同，像我国北方的盘大鲍一般分布在十多米的水深处，在冬季为了避寒向深处移动，深度可达30米。到了春季慢慢上移，有的可在潮线下数米生活，小鲍鱼甚至在低潮线附近也能采到。

鲍鱼喜欢昼伏夜出，养在水池中的鲍鱼一般在白天蛰伏不动，

只要天一黑就慢慢活动起来。特别是在晚上10点以后至午夜3点以前最为活跃，这时它们的头部、足部全部伸展，外套膜裂缝上的触手自壳孔伸出，在池底或池壁爬行，爬行的速度每分钟可达50厘米。鲍鱼还有归巢的习惯，它们常喜欢住在洞穴里，夜间外出觅食，到快天亮时又返回洞穴中居住。

鲍鱼喜欢吃褐藻或红藻，像盘大鲍很喜欢吃裙带菜、幼嫩的海带和马尾藻等。在水池中饲养的鲍鱼，每个鲍鱼每天能吃数十克小海带。鲍鱼的食量随季节而有变化，一般水温较高的季节，吃得多，冬季不太活动，吃得少。当人们把海带投入养鲍鱼的水池时，虽然鲍鱼的头缩在壳中，但依靠比较灵敏的嗅觉，它能迅速发现食物的方向而爬向海带处。当食物离它的身体还有一段距离时，它可以伸长下足前端的两叶，以抱合的姿势，把食物拉向口边，并伸出像圆盘状的吻部，用齿舌舐食，被它们吃过的海带常留有边椽带齿纹的圆形大窟窿。

营养价值

鲍鱼的肉很好吃，自古以来人们都非常喜欢食用。但它的自然产量较少，远远不能满足需要，所以人们都在想办法养殖它。目前在日本已对鲍鱼的养殖做了很多工作。我国在这方面也进行了一些工作，为鲍鱼养殖创建了一定的条件。鲍鱼除了鲜食以外，还可加工制成罐头、鲍鱼干。它的贝壳叫石决明，是常用的中药药材。此

外，鲍鱼的贝壳还可以用来制造工艺品。

鲍鱼种类较多，有少部分鲍鱼新鲜急冻，亦可制成罐头，或晒制成干货。干鲍按一斤重量有多少个分为“10头”“8头”等，“10头”即指一斤内有10个。头数越少，鲍鱼越大，亦越昂贵。须注意香港与中国内地之“斤”定义有别，在香港一斤为600克、中国内地一市斤为500克，同称“10头”之鲍鱼于内地会较细小，不少港人因此误会内地商店欺骗顾客。

上等鲍鱼常制成干鲍，其中一种被称为“溏心鲍鱼”。“溏心”是指干鲍中心部分呈不凝结的半液体状态，将干鲍煮至中心部分黏黏软软，入口时质感柔软及有韧度。要制作“溏心鲍鱼”需要经过多次晒干的程序。鲜鲍鱼并没有“溏心”。

营养分析

1.鲍鱼含有丰富的蛋白质，还有较多的钙、铁、碘和维生素A等营养元素。

2.鲍鱼营养价值极高，富含丰富的球蛋白；鲍鱼的肉中还含有一种被称为“鲍素”的成分，能够破坏癌细胞必需的代谢物质。

3.鲍鱼能养阴、平肝、固肾，可调整肾上腺分泌，具有双向性调节血压的作用。

4.鲍鱼有调经、润燥、利肠之效，可治月经不调、大便秘结等疾患。

5.鲍鱼具有滋阴补养功效，也是一种补而不燥的海产，吃后没有牙痛、流鼻血等副作用，多吃也无妨。

经济价值

20世纪80年代，辽宁省鲍鱼人工育苗成功。鲍鱼鲜而不腻，营养丰富，清而味浓，烧菜、调汤，妙味无穷。北京市北海仿膳饭庄的名菜“蛤蟆鲍鱼”是誉满中外的佳肴。鲍鱼肉中含有鲜灵素I和鲍灵素Ⅱ，有较强抑制癌细胞的作用。

药疗价值

鲍鱼的壳，中药称石决明，因其有明目退翳之功效，古书又称之为“千里光”。石决明还有清热平肝、滋阴潜阳的作用，可用于医治头晕眼花、高血压及其他炎症。鲍壳那色彩绚丽的珍珠层还能作为装饰品和贝雕工艺的原料。

鲍鱼补而不燥，养肝明目。欧洲人早在多年前，已把鲍鱼当作一种活鲜食用，将其誉作“餐桌上的软黄金”；中国在清朝时期，宫廷中就有所谓“全鲍宴”。据资料介绍，当时沿海各地高官朝圣时，大都进贡干鲍鱼为礼物，一品官吏进贡一头鲍，七品官吏进贡七头鲍，以此类推，鲍鱼与官吏取位的高低挂钩，可见其味享有“海味之冠”的价值。

中医称鲍鱼功效可平肝潜阳、解热明目、止渴通淋，主治肝热上逆、头晕目眩、骨蒸劳热、青肓内障、高血压、眼底出血等症。

鲍鱼分类

鲍鱼的等级按“头”数计，每司马斤（俗称港秤，约合605克）有“2头”“3头”“5头”“10头”“20头”不等，“头”数越少，价钱越贵，即所谓“有钱难买两头鲍”。

目前以网鲍头数最少，吉品鲍排第二，禾麻鲍体积最小、头数也最多。

干鲍鱼因产地和加工的不同，具体又被称为“网鲍”“窝麻鲍”“吉品鲍”以及鲜为人知的中国历代朝廷贡品“硇洲鲍”等。

鲍鱼的品种较多，全世界有很多品种，又称“大鲍”“九孔螺”，古时叫“鳆”或“鳆鱼”等，其拉丁文名可译为“海耳”，英文名可译为“耳贝”。鲍鱼的产地大多集中在澳大利亚，日本，墨西哥，加拿大，朝鲜，南非，新西兰，韩国和中国的大连、福建、汕尾、湛江等国家和地区的附近海域，更有“土生鲍”和“养殖鲍”之分。由于干鲍鱼在市面上的售价不菲，因此有部分的不良商贩，用一文不值的干石鳖冒充干鲍鱼出售，以此从中牟取暴利。故在选购干鲍鱼时一定要小心，以免上当。

市场上出售的干鲍鱼已去壳，外形略似艇状，有一面非常光滑，即为鲍鱼的足底部分。而石鳖也有发达的足部，足底也是平的，因此稍作加工即可用来冒充鲍鱼，但只要仔细一辨别就会发现，石鳖因肉体较薄，晒干后会收缩弯曲，且其足的边缘很粗糙。而假鲍鱼与真鲍鱼的最大的区别在于，前者背部中央有片壳板，加工晒干时虽被剥掉，但总会留下一道明显的印痕。所以，凡是背面有一道明显深印痕迹的鲍鱼就是假鲍鱼无疑。

注意事项

1.夜尿频多、气虚哮喘、血压不稳、精神难以集中者适宜多吃鲍鱼；糖尿病患者也可用鲍鱼作辅助治疗，但必须配药同炖，才有疗效。

2.痛风患者及尿酸高者不宜吃鲍肉，只宜少量喝汤；虽然鲍鱼人人爱吃，但感冒发烧或阴虚喉痛的人不宜食用；素有顽癣痼疾之人忌食。

繁殖特点

鲍鱼的繁殖，跟一般螺类不一样。一般螺类大多是经过交尾繁殖的，而且它们在产卵时都分泌膜质或胶质的东西，把卵包被起来，单独产出或构成卵群。鲍鱼是雌雄异体，可是它并不进行交尾，到繁殖季节，雄性和雌性的生殖腺成熟以后，便分别把精子和卵子排到体外的海水中，卵子在海水中遇到精子就可以受精发育，它的这种繁殖方式是和双壳类的繁殖很相似的。鲍鱼的雌雄性从外表不容易看出来，必须看它的生殖腺才能判定。在繁殖季节，生殖腺很发达，雌性的呈深绿色，而雄性的呈淡黄色。鲍鱼的产卵时期随种类和地区而不同，在青岛，盘大鲍一般在夏、秋两季繁殖，卵子受精后经浮游的担轮幼虫和面盘幼虫阶段，之后沉于海底变态成幼鲍。鲍鱼的生长比较慢，一年后，贝壳大体可达2～3厘米，二年后，大的可达4～5厘米，壳长10厘米以上的鲍鱼大约要长六七年。